科学新悦读文丛

NUCLEUS

A TRIP INTO THE HEART OF MATTER
SECOND EDITION

原子核的秘密

一段前往
物质核心的旅程

[英]雷·麦金托什(Ray Mackintosh)[英]吉姆·艾尔–哈利利(Jim Al-Khalili)
[瑞典]比约恩·琼森(Björn Jonson)[葡]特雷莎·佩尼亚(Teresa Peña) ◎著
赵茹怡◎译

人民邮电出版社
北京

图书在版编目（CIP）数据

原子核的秘密 ： 一段前往物质核心的旅程 / (英)
雷·麦金托什等著 ； 赵茹怡译. -- 北京 ： 人民邮电出
版社, 2024.1
(科学新悦读文丛)
ISBN 978-7-115-60381-4

Ⅰ. ①原… Ⅱ. ①雷… ②赵… Ⅲ. ①原子一普及读
物 Ⅳ. ①O562-49

中国版本图书馆CIP数据核字(2022)第215556号

版 权 声 明

内 容 提 要

本书将向你科普奇妙的原子核内部，这是一场人类对物质核心的探索之旅。“世上所有物质都是由相同的几种基本成分组成的”这个想法可以追溯到很久以前，然而人们却花了几个世纪才弄清楚这些基本成分到底是什么。本书将带你梳理人类探究原子核的历程，从宇宙的尺度讲起，内容涵盖了原子核的发现过程、物质核心里的奇怪规律、原子核的测量、奇怪的核物质、元素多样性、核物理、原子核的结构、恒星与元素的诞生及宇宙的起源等。

本书适合广大的科普爱好者，尤其适合对元素、原子核及亚原子世界感兴趣的读者阅读。

◆ 著　[英]雷·麦金托什（Ray Mackintosh）
[英]吉姆·艾尔-哈利利（Jim Al-Khalili）
[瑞典]比约恩·琼森（Björn Jonson）
[葡]特蕾莎·佩尼亚（Teresa Peña）
译　赵茹怡
责任编辑　王朝辉
责任印制　陈　犇

◆ 人民邮电出版社出版发行　北京市丰台区成寿寺路 11 号
邮编　100164　电子邮件　315@ptpress.com.cn
网址　https://www.ptpress.com.cn
北京瑞禾彩色印刷有限公司印刷

◆ 开本：690×970　1/16
印张：11　2024 年 1 月第 1 版
字数：163 千字　2024 年 9 月北京第 2 次印刷

著作权合同登记号　图字：01-2020-4884 号

定价：79.80 元

读者服务热线：(010)81055410　印装质量热线：(010)81055316
反盗版热线：(010)81055315
广告经营许可证：京东市监广登字 20170147 号

致

玛乔丽和伊桑

朱莉、大卫和凯特

安-索菲、安娜、桑德拉和琳恩

阿尔弗雷德和若昂

推 荐 序

在 19 世纪的最后几年里，亨利 · 贝克勒耳在法国巴黎发现铀盐晶体可以雾化照相底版（也称底片），哪怕用好几层不透明纸把照相底版包裹起来后保存在黑漆漆的抽屉里也无济于事。这种雾化是一种新型的高能射线造成的，它由铀元素持续地自发放射出来。这些射线提供了一种微小粒子存在的第一个线索，即位于每个原子中心深处的原子核。在过去的上百年中，科学家们付出了巨大的努力去研究和理解原子核中令人着迷的物质的存在形式。掌握这些知识我们才能把核过程应用在大量的实际场景中，核物理学对其他学科（化学、天文学、宇宙学、生物学、医学、地质学等）的发展和解决工业实际问题都起到了不可磨灭的作用。

核物理学本身有着诸多值得研究的有趣东西，同时它有着重要的社会作用。在本书中，一个工作在核物理学发展前沿的杰出科学家团队将用通俗易懂的语言和内容丰富的图片向大众解释核物理学与它的实际应用，这当然是受欢迎的事情。

本 · 莫特森教授

书于丹麦哥本哈根

自　序

自 2001 年《原子核的秘密：一段前往物质核心的旅程》的第 1 版出版以来，人们在理解原子核、核过程，以及核过程的应用方面有了长足的进展，其中最重要的是在医学上的应用。本书的第 1 版被翻译成好几种语言，这些进展和第 1 版收获的美誉，促使我们着手新版的写作。新版的总体结构和第 1 版是一样的，我们讲述的故事也是一样的。不过新版增加了很多新内容，它们反映了现在科研取得的新进展，每一页的内容和表述也都有改进，尤其是在必要的地方，插图都有更新。在新版里，我们把插图与文字更紧密地联系在一起，希望会对读者有所帮助。我们想在此感谢协助我们的大卫·詹金斯（来自英国约克郡）和彼得·琼斯（来自英国伯明翰）。最后，我们要真挚地感谢罗宾·里斯为本书的出版所做的巨大努力。

雷·麦金托什
米尔顿·凯恩斯
于 2011 年 6 月

《原子核的秘密：一段前往物质核心的旅程》瑞典语版

从左至右分别是雷·麦金托什教授、吉姆·艾尔-哈利利教授、特雷莎·佩尼亚教授和比约恩·琼森教授，在 2004 年的国际核物理峰会上给第 1 版瑞典语的《原子核的秘密：一段前往物质核心的旅程》签名，峰会由比约恩·琼森教授组织，在瑞典的哥德堡举办。瑞典语版的书名是《原子核》（*Atomkärnan*）。

前　言

我们的世界和它无穷的多样性

我们生活在一个美丽的世界，这里有阳光、天空、树木、鸣虫和飞鸟，它的多样性令人惊叹。然而，这个世界也有另一种美：在这万花筒般的多样性背后有一个非凡的“统一性”。这个“统一性”是非常直接的，不过人类经过几千年的努力才发现了它。

本书写的是人类对物质核心的探索之旅。世界上所有的东西都是由相同的几个基本成分构成的，虽然这个想法由来已久，但是我们花了几个世纪才搞清楚这些基本成分是什么。现在我们知道了，我们周围的所有事物：你读的这本书、我们呼吸的空气、夜空中的繁星，都是由区区 100 多种不同原子组成的。这 100 多种原子之所以能产生如此的多样性，是因为原子组合的方式远比我们能够计算，甚至能想象的要多。

古希腊哲学家留基伯和德谟克利特首先想到了原子这个概念。水可以冻成冰，也可以变成蒸汽，还可以再变回液体状态，这些现象让他们深思：在这些变化过程中保持不变的是什么呢？他们灵机一动，猜想到：一切物质都是由一些微小的、不可分割的原子组成的，而这些原子在物质融化和沸腾等过程中保持着自身的特性。虽然我们现在知道原子可以被“分割”，但这个过程是在极端条件下才能实现的，可不仅仅是用化学品混合或加热就可以完成的。留基伯和德谟克利特的想法的确是在正确的方向上。

和古希腊时期的人们相比，我们对原子的认识已经有了变化——它们的性质早就不是什么关于颜色、形状的问题了。我们不会觉得组成酸的原子是尖锐的，也不会觉得组成铜的原子是淡红色的。我们知道原子类型是和物质类型相关的，例如我们知道世界上有金原子、碳原子和铁原子，但不会有冰激凌原子。因为有些物质纯粹由一种特定的原子组成，而其他物质，像冰激凌之类的则复杂得多，它们是由不同种类的原子构成的。

一位生活在公元前 495—前 435 年的古希腊人恩培多克勒提出了万物是由

土、气、火和水 4 种元素组成的。这个基础观点在当时很不错，显然比他的一位前辈泰勒斯的假说更先进。泰勒斯提出，万物都是由水中产生的。虽然这个想法太朴素，可泰勒斯也是在寻找一切肉眼可见事物的基本成分的道路上走对了方向。经过几千年的努力，我们所确定的元素数量越来越多，现在已经接近 120 个了。虽然恩培多克勒提出的土、气、火和水并不在其中，但他已经沿着正确的道路迈出了一步。我们现在认识到，世间万物都是由化学元素组合而成的：有些是我们熟悉的元素，比如碳、铁、氢、氧；有些是比较少见的，甚至是极其罕见的，比如镥。

世上还有许多问题需要探索：这些元素从哪里来？为什么它们存在的比例是这样的？比如，为什么碳比金多得多？如果金是普存于世的元素，也许世界会更漂亮，可这样就没有人能欣赏黄金的光芒，因为碳才是生命的基础。

许多热衷于寻找外星生命的人都承认，宇宙中不太可能存在非碳基的生物。此外，碳还不是唯一对生命而言至关重要的元素，地球上的大多数生物还需要氢、氧、氮和其他十几种元素。我们的存在依赖于这些元素的充足供应。那么，所有这些重要的元素是如何来到我们身边的呢？这个问题的答案是贯穿本书的线索之一。

本书涉及的另一个难题是：为什么原子有它们所具有的这些特殊性质？如果碳原子和铅原子一样重，我们可能就不会存在，那么它们为什么会那么轻？这样的问题将会和为什么地球上只有 100 多种元素，而不是 100 万种，或是像恩培多克勒所说的只有 4 种“元素”一起解答。

除了探索地球上事物的组成外，本书还向外观察宇宙。离我们最近的恒星——太阳，对地球上的生命来说是不可或缺的。通常地球上的所有能量最终都来自太阳：促使植物生长的能量，驱使大气运动的能量（偶尔也会释放成颇为壮观的闪电），全面驱动“科技时代”到来的能量。

大约在 20 世纪初，人们发现太阳系已有数十亿年的历史。于是**太阳的能量来源**成了一个更大的谜团。什么能量来源可以让太阳保持数十亿年的光亮？没有任何当时已知的热源可以回答这个问题。现在，100 多年过去了，这个问题得到了解答。太阳和其他星星为什么发光、如何发光是本书探讨的另一个主题。

要回答上述的所有问题，我们首先需要了解原子核，即每个原子中心的迷

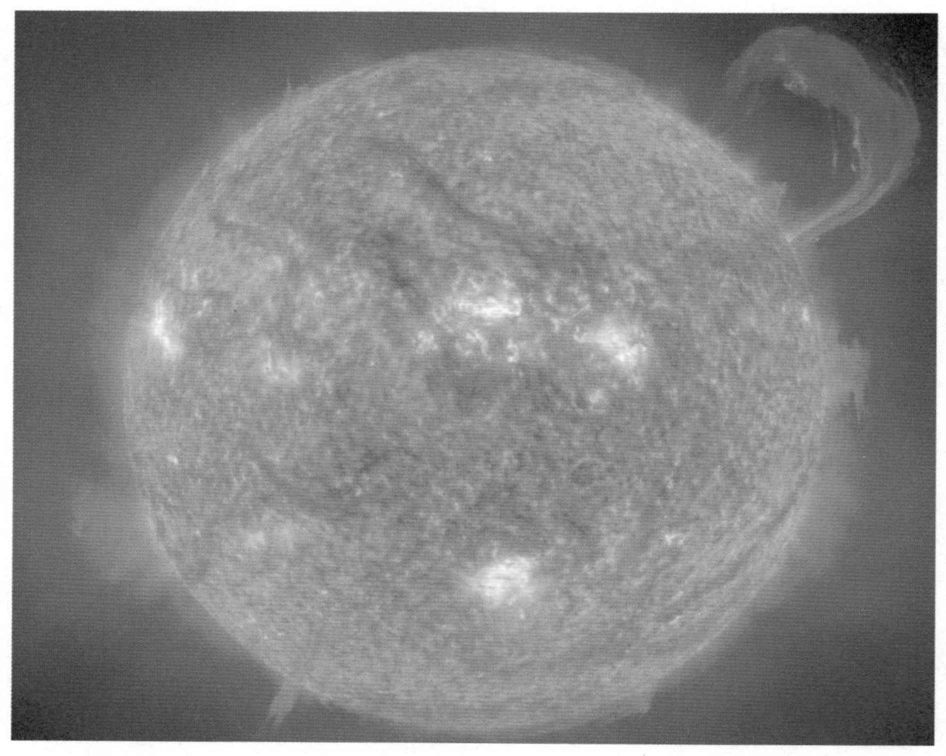

太阳的能量来源

太阳的能量来自太阳中心的核聚变，核聚变产生的巨大能量一直逃逸到太阳的外冕，当它在太阳的令人难以置信的强大磁场中扭曲和转动时，它在电离层中绘出了非凡的画面。这张图片是由天基太阳和日球层探测器上的极紫外成像望远镜观测到的。（太阳和日球层探测器 / 极紫外成像望远镜联盟、欧洲空间局、美国航天局）

你核心。有了这个知识储备，我们才能体会到原子核是如何，又是在哪里诞生的。认识到这些，这个世界的许多现象也就有了解释。除此之外我们还能理解，当原子核发生转化时，能量是如何得以释放的。正是这个转化过程让太阳带给我们温暖，这也是恒星整个生命周期和宇宙历史的关键所在。

也许原子核最广为人知的只是这些：它是一种可怕炸弹的组成部分，它是一种糟糕的发电方式。关于这些，本书自然也会涉及。除此以外，我们还试着解释放射性真正的性质，放射是一个自然的核过程。核过程，包括放射性的应用，早已深入我们生活的方方面面，从医学到地质学，从喷气式发动机的测试到烟雾探测器。举个例子吧，几年前，当加拿大一家核电站的员工罢工时，美国每天约有 47 000 个医疗程序因受到威胁而被取消。

最后，我们怎么能如此确信我们知道太阳系的年龄呢？对放射性的了解帮我们解开了完全不同领域的谜题，太阳系年龄之谜就是一个例子。100 多年前，欧内斯特·卢瑟福在岩石中发生的自然核过程里，发现了测定太阳系年龄的关键。时至今日，在我们探究地球历史的过程中，同样的思路也发挥着关键作用。

很久以前泰勒斯试着用单一物质去解释一切，而这一尝试现在已经取得了成果。如今，我们可以用数量更少的基本粒子来描述所有原子核的结构。

核聚变是太阳的能量来源，在地球上利用它来满足人类的能源需求是全世界许多科学家的目标，他们正在为实现这一目标而共同努力（见图**“在地球上实现核聚变”**）。核聚变的内容将在第 9 章介绍，我们解释了核聚变是如何既温暖了我们，又创造了构成我们生命的元素。有时这些核过程能产生壮观的结果，比如产生**蟹状星云**的超新星爆发。超新星爆发的确很壮观，但与宇宙诞生时的大爆炸相比不值一提。图“**模拟宇宙大爆炸**”是实验室成果的一个模型。最后一章的主题就是在回答，在大爆炸后的百万分之一秒内，整个宇宙是由哪些东西组成的。

在地球上实现核聚变

许多国家都在致力于研究发展核聚变能源。图中发光的等离子体（电离气体）是向在地球上创造太阳能迈出的一大步。

蟹状星云

蟹状星云是一个超新星爆发后的遗迹。我们今天知道的大多数元素都是在大规模恒星爆发中产生的。（欧洲南方天文台）

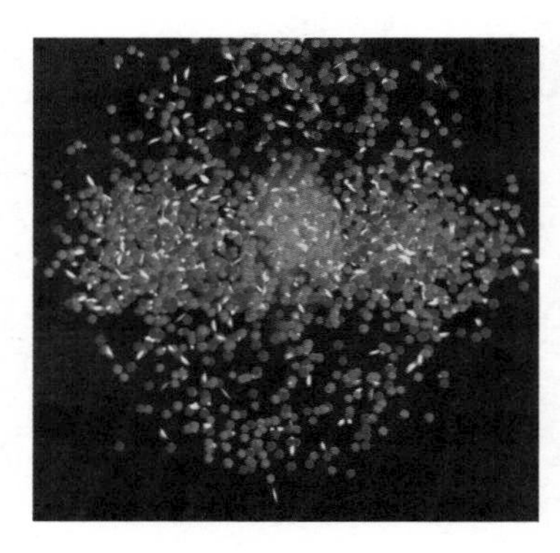

模拟宇宙大爆炸

本图是一位艺术家所描绘的夸克和胶子释放时的景象。当两个金原子核在美国布鲁克黑文国家实验室的相对论性重离子对撞机中以巨大的能量迎面相撞时，夸克和胶子从原子核中逃逸。构成所有原子核的质子和中子都是在大爆炸后不到 1 微秒的时间内从这样的夸克胶子等离子体中凝结而成的。（布鲁克黑文国家实验室）

目录

第 1 章　万物之尺

从浩瀚无垠的宇宙到看不见的原子核

往前数几代，我们的祖先很可能会把东西比喻成一粒在阳光下飘浮的尘埃来表示它的渺小；如果要表示庞大，也许会用一座山来比喻；如果他们稍微见多识广些，甚至会用地球本身来比喻；如果他们很有学问，也许可以想象出更大的东西——星星依附的天空。

今天，我们对大和小的感知已经远远超出了我们的祖先所能理解的范围。至少在一定程度上，这要归功于我们对弧形玻璃片富有想象力的使用：显微镜和望远镜的发明。

我们对宇宙的理解，既涉及难以想象的大，也涉及不可思议的小。原子核是微乎其微的，但了解它的性质能帮我们认识世界上最庞大的东西：宇宙本身。在图**“微观遇上宏观”**中，不可思议的小和难以想象的大在顶端相遇。等看到本书的结尾，我们就会知道，我们对最大尺度的宇宙的理解是如何建立在我们对最小尺度的事物的理解之上的，反之亦然。

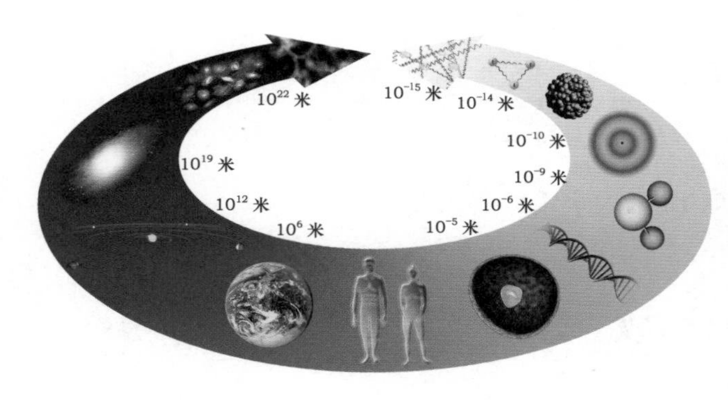

微观遇上宏观

人类的尺度处于浩瀚的宇宙与渺小的原子核及其构件之间。在很久以前，难以想象的小物体之间发生的摩擦催生了整个广袤宇宙。如今，我们只有理解这极小的尺度上的自然，才能理解整个宇宙。这就是图中微观与宏观相遇的原因。

展望无限

我们都很熟悉大小接近人体尺寸的物体，但要实在地去感受一个比地球直径长得多的长度是很困难的。比如地球与太阳之间的距离就已经相当令人难以理解了，它大约是 150 000 000 000 米。如果乘坐喷气式客机到太阳，飞行时间会超过 20 年，这对你的腿部血液循环绝不是什么好事。

处理这样大的数字会很麻烦，150 000 000 000 通常被写成 1.5×10^{11}，推荐看看**“聊聊尺寸”**的表格。展望更大的宇宙空间，我们就需要引入更大的单位。天文学家习惯使用一个比米大得多的单位来描述长度，它基于真空中的光速，即 299 792 458 米 / 秒。光在一定时间内所走过的距离是一个很好用的长度单位。比如，光从太阳走到我们这里需要约 8 分钟，我们可以说太阳距离我们有 8 光分远。离太阳较远的矮行星冥王星距离我们有 6 光时。但要表示太阳系以外的遥远天体到我们的距离时，“光年”才是好用的单位。太阳系外距离我们最近的恒星是半人马座的比邻星，它发出的光需要大约 4 年才能到达我们这里，我们就说它离我们有 4 光年远。4 光年大约是 38 000 000 000 000 000 米，即 3.8×10^{16} 米。

实际数字	简写数字	词头名称	词头符号
1 000 000 000 000 000 000 000 000	10^{24}	尧	Y
1 000 000 000 000 000 000 000	10^{21}	泽	Z
1 000 000 000 000 000 000	10^{18}	艾	E
1 000 000 000 000 000	10^{15}	拍	P
1 000 000 000 000	10^{12}	太	T
1 000 000 000	10^{9}	吉	G
1 000 000	10^{6}	兆	M
1 000	10^{3}	千	k
1	$\mathbf{10^{0}}$		
0.001	10^{-3}	毫	m
0.000 001	10^{-6}	微	μ
0.000 000 001	10^{-9}	纳	n
0.000 000 000 001	10^{-12}	皮	p
0.000 000 000 000 001	10^{-15}	飞	f

续表

实际数字	简写数字	词头名称	词头符号
0.000 000 000 000 000 001	10^{-18}	阿	a
0.000 000 000 000 000 000 001	10^{-21}	仄	z
0.000 000 000 000 000 000 000 001	10^{-24}	幺	y

聊聊尺寸

我们熟悉的单位“千米”只是 1 000 米，“毫米”只是千分之一米，这对讨论宇宙尺寸的大或原子尺寸的小没有任何帮助。这张表列出了几乎所有的单位词头，它们不仅适用于长度等尺寸，也适用于质量等其他物理量。

让我们看得更远些，在一个自转的巨大圆盘——银河系里，有着大约 2 000 亿（2×10^{11}）颗恒星，太阳也只不过是其中之一。银河系的直径约有 10 万光年，这意味着自恐龙灭绝以来，光可能穿过它大约 650 次。

再看得更远些，宇宙里遍布着像**“M81 旋涡星系”**这样的星系。它们组成了星系群，由巨大的空旷区域隔开。离我们的银河系最近的大星系是仙女星系。在一个晴朗的黑夜，肉眼可以看到它发出的一团微弱光芒，大小如月球。仙女星系距离我们约 220 万光年，是本星系群的一员。本星系群是一个包括银河系在内的小型星系群。一个功能强大的望远镜可以观测到宇宙里绝大部分的星系。当我们的观察深入如此程度，从宇宙边缘射来的光要想到达我们所在之处，需要在宇宙诞生之初就开始“旅行”。宇宙诞生和开始膨胀大约是 138 亿年前的事，因此宇宙边缘距离我们有大约 138 亿光年。我们所能观察到的宇宙最远点就是可观测宇宙的极限（见图**“宇宙距离阶梯”**）。

M81 旋涡星系

M81 旋涡星系距离地球约 1 200 万光年，包含约 2.5 亿颗恒星。当然也有些星系不是旋涡状的，比如在图**“微观遇上宏观”**中左边的星系。（图片由斯皮策空间望远镜拍摄，美国航天局提供）

宇宙距离阶梯

与太阳到和它最近的另一颗恒星的距离相比，地球离太阳非常近。而在银河系这个巨大范围内，太阳和这颗恒星也算是邻居。再向外看我们所在的本星系团，又几乎看不见银河系存在。与可观测宇宙的广袤相比，所有的这些似乎都是微不足道的。

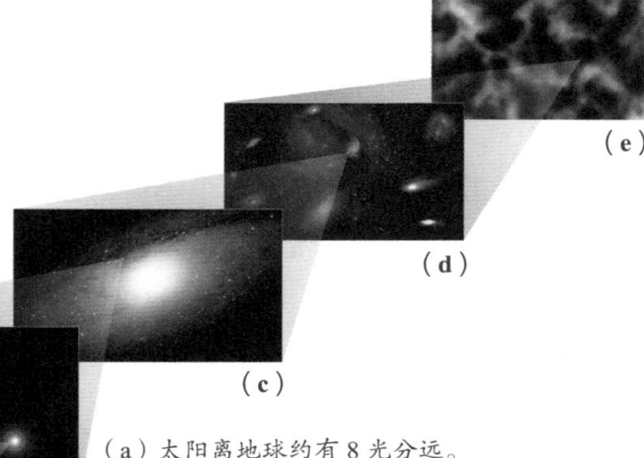

（a）太阳离地球约有 8 光分远。
（b）比邻星，离太阳最近的恒星，距离约 4 光年。
（c）银河系直径约有 10 万光年。
（d）离银河系最近的星系有几百万光年远。
（e）遥远的星系团离我们有数十亿光年远。

我们只能用肉眼观察到宇宙距离阶梯上的一两级。伽利略是第一个用望远镜探索天空的人，他看到了**太阳黑子**。半个世纪后，罗伯特·胡克（见图**“微观世界的第一眼”**）迈出了探索微观世界的第一步。现在我们也将踏上前往微观世界的旅途。

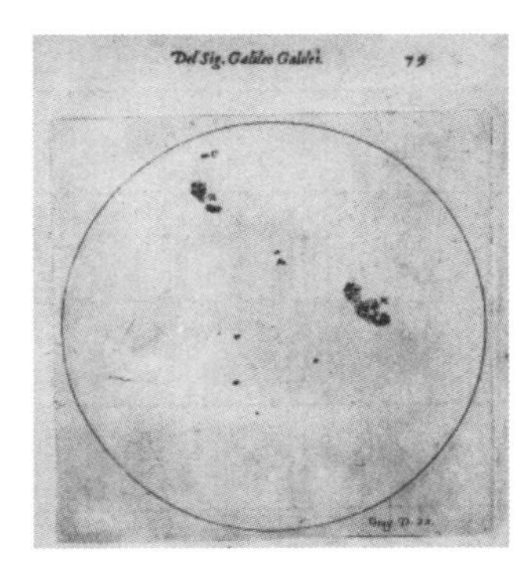

太阳黑子

在 1610 年前后，伽利略使用他的望远镜，看到了我们单凭肉眼不可见的事物。这是他画的太阳黑子草图。（英国皇家天文学会）

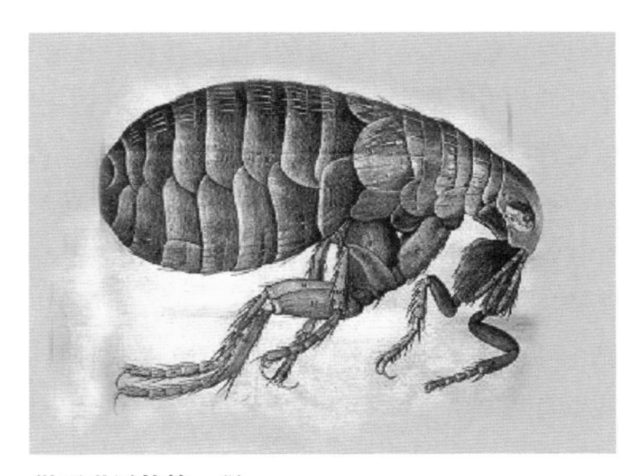

微观世界的第一眼

在 17 世纪中后期，罗伯特·胡克和安东尼·范·列文虎克探索了微观世界。他们的发现，例如罗伯特·胡克画的这只跳蚤，震惊了那一代人。

显微镜下

大多数人熟悉的最小长度单位是毫米（千分之一米），但对于许多只能通过显微镜观察的物体而言，长度单位用微米更为合理。1 微米是百万分之一米，或千分之一毫米。在血液里流动的红细胞直径约 7 微米，典型的细菌大小只有 1 微米左右，而病毒——引起感冒等许多疾病的罪魁祸首，其大小可以从百分之几到十分之几微米不等。

尽管病毒很小，但它们并不是世上最小的物质，它们和其他东西一样都是由原子组成的。所有的东西都是只由几类原子通过不同的排列组合而成，组合方式种类繁多，数不胜数。原子只有几万分之一微米大，在一个普通的病毒中就大约有 10 亿个原子，如果我们用杯子去量整个地表上有多少水，那么水的杯数还没有一杯水里的原子数多。

本书讨论的实体比原子还小得多。每个原子的中心都有一个原子核。典型原子核的大小不到原子的万分之一——它是一束集中的质量与能量（见图“**宇宙距离阶梯续**”），至于我们是否已经找到了原子核的极限这个问题，我们将在后续讨论。

我们能对原子核这样微小的事物了解很多，这似乎很令人惊讶。显微镜确实已尽可能地拓宽了人类的视野，帮我们看到了细菌，但没有任何光学显微镜能让我们看到病毒，当然也不能指望通过它看到原子或是原子核，这一局限是光的性质造成的。

可见光是一种**电磁辐射**，其他电磁辐射有无线电波、微波、红外线、紫外线、X 射线和 γ 射线。电磁辐射以波的形式传播：不同电磁辐射的波长不同，而波长取决于电磁辐射所拥有的能量大小。电磁辐射在真空中都能以光速传播。直到 19 世纪初，托马斯 · 杨才证明了可见光也能以波的形式传播，可它是什么波呢？直到 19 世纪末，人们才证明可见光是由电场和磁场产生的波，因此它是电磁辐射。

可见光的波长为 0.38 ～ 0.78 微米。任何比可见光的波长更小的物体，以及物体上任何比可见光波长小的特征，都无法用这种电磁辐射来辨别；也就是说，当被观测物体比照在它身上的光的波长还要小的时候，要靠这个光看见它就不可能了。这就是为什么没有光学显微镜能帮我们看到极微小的物体。也是因为波长的局限，病毒直到 20 世纪 40 年代才被观测到。观测病毒不得不等到一种全新显微镜的发明，它不能使用可见光作为观测波。

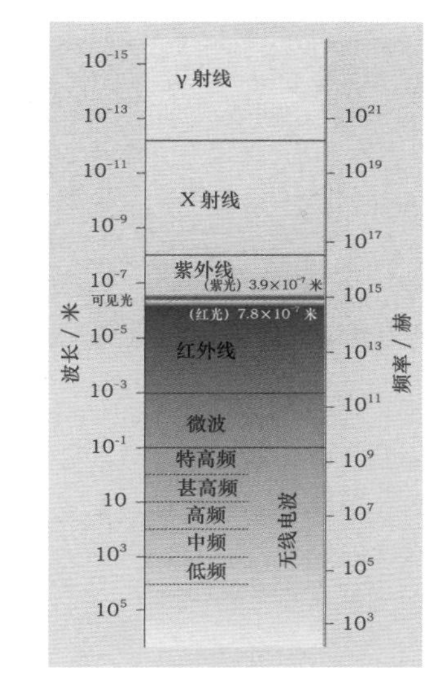

电磁辐射

可见光的波长在紫外线的波长和红外线的波长之间。可见光只是一种电磁辐射。所有电磁辐射在本质上是相同的，只是波长（单位为米）和频率（即周期的倒数，单位为赫）不同。

宇宙距离阶梯续

（a）在原子内，电子以概率云的形式存在，这里用模糊的环表示。原子核位于原子的中心，其半径不及整个原子半径的万分之一。

（b）原子核由质子（图中用红色表示）和中子（图中用蓝色表示）组成。

（c）质子和中子由 3 个夸克组成（质子由两个上夸克和一个下夸克组成，中子由一个上夸克和两个下夸克组成），一个夸克不能单独存在。

（d）更具有猜测性的是“超弦”或“膜”。夸克、电子和其他所谓的点粒子可能是由这种难以想象的小“弦”或“膜”组成的。

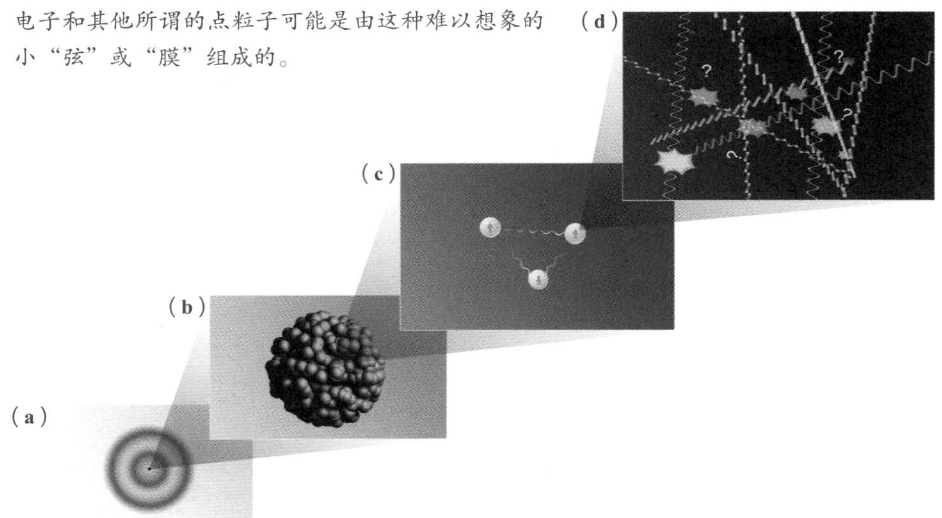

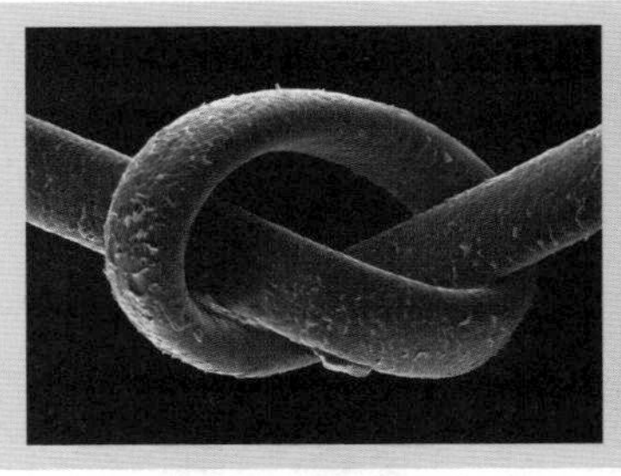

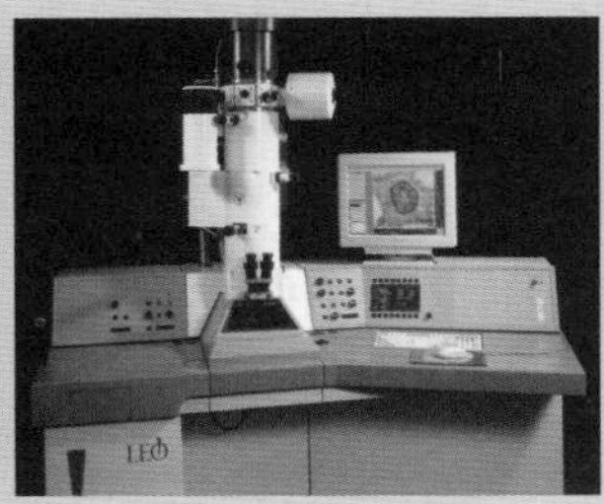

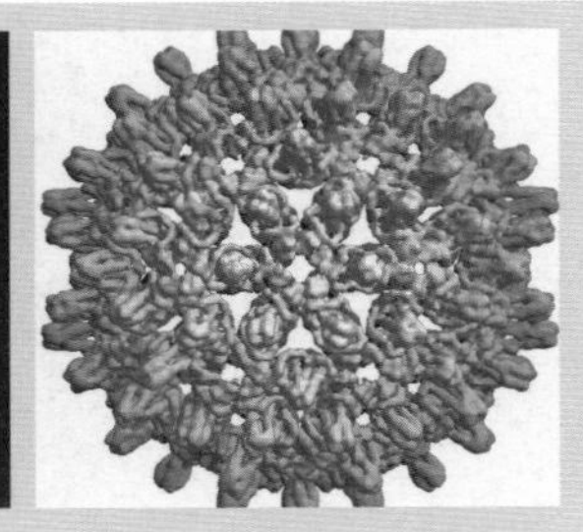

电子显微镜

中间是一台现代电子显微镜，左侧是人类发丝，右侧是直径约为发丝的万分之一的乙型肝炎病毒外部的脂蛋白囊膜，脂蛋白囊膜既保护了病毒本身，又是让我们了解肝细胞免疫系统的钥匙。（图像用 LEO 显微镜观测，约翰·贝里曼、英国剑桥大学分子生物学实验室提供）

这种革命性的发明是**电子显微镜**，它使用波长比可见光小得多的成束的电子作为观测波。电子是存在于每个原子中的带电粒子，它携带负电荷，它也可以表现出波的性质。电子拥有波的性质是法国物理学家**路易·德布罗意**的伟大发现。这一发现是朝着理解亚原子世界的结构和特性迈出的关键一步。

路易·德布罗意，1892—1987，第一位发现物质波的人。（诺贝尔基金会版权所有）

电子既是粒子，又有波一样的表现，这听起来很矛盾。可这是量子力学的基础，在量子力学中，电子有时像波，有时像粒子。量子力学是用来解释原子、原子核这种微观世界物质的理论。大部分情况下，聚在一起的许多电子可以看作一个具有明确波长的波，其波长随着电子动量的增加而变短。电子束作为波，也带电，我们可以通过磁透镜来利用电子束，这就是制造电子显微镜的基础。电子束的波长越短，我们就能获得越多被观测对象的细节。这就是电子发挥作用的地方，而且我们可以很方便地获得波长比可见光波长短得多的电子束。唯一的挑战在于如何产生波长尽可能短的电子束。

增加电子束的动量可以缩短其波长，我们可以在电场中让电子加速，从而让它获得高动量。电场会对身在其中的带电粒子（当然也包括电子）产生作用力。当电子被释放在带电压的真空中，电子就会加速运动。这就是电子在阴极射线管中被加速的原理，以前的电视机和计算机显示器都使用这种电子管。在阴极射线管中，电子束（也称“阴极射线”）被聚焦到一个“点”上，射到屏幕上描摹出画面。为了使电子束的波长小到足以分辨出病毒的细节，电子显微镜给电子束的能量会是电视机上的阴极射线管给的 10 倍甚至更多。

原子比病毒还要小得多。如今我们已经知道原子在大多数材料中是如何排列的，但在 20 世纪的前 10 年，许多科学家还在怀疑原子是否存在。

我们现在有基于量子力学的全面理论，其解释了原子如何排列形成固体和液体。但是我们怎么去证实这些理论呢？我们能否亲眼看到原子在固体中排列的形式呢？

当然，可见光不可能帮我们确定原子在物质中的排列，但如今我们已经能记录下晶体表面原子的影像，这些影像是用一种特殊的电子显微镜拍摄的，它叫扫描隧道显微镜，图**“原子层的成像”**是它拍摄到的图像之一。之后我们会了解到，高能电子束对于测量原子核也很有帮助。但后来的事实证明，一种不可见的电磁辐射——X 射线，才是测量物质结构最重要的工具。

原子层的成像

这是通过扫描隧道显微镜看到的硅化铁晶体表面。最小的一层就是一个原子的厚度。（剑桥大学纳米科学实验室提供图片）

X 射线的波长约为可见光的千分之一。不幸的是，制造 X 射线显微镜是不可能的，因为没有合适的透镜系统可以使 X 射线在仪器内聚焦。尽管如此，在 X 射线被发现后不久，人们还是拿它来研究物质结构。使用它的秘诀是利用波的一种性质：干涉。

19 世纪初，**托马斯·杨**展示了当可见光穿过一对狭缝后，形成明暗间隔的条纹，即干涉图，见图**“光的双缝干涉图”**。

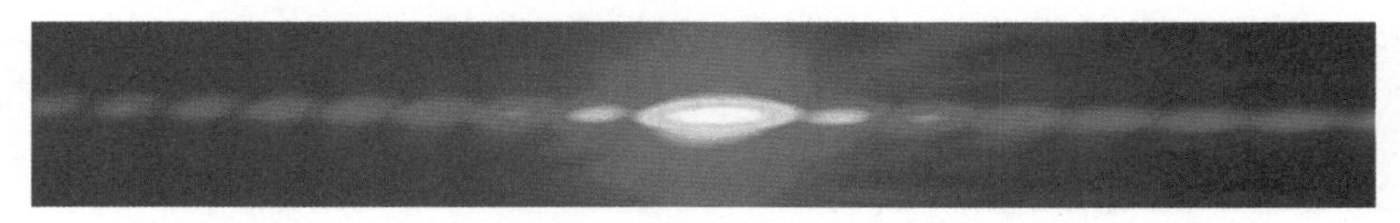

光的双缝干涉图

光穿过两个狭缝形成的干涉图证明了光的波动性。

在图**“波如何发生干涉”**中，我们用水波解释了这种干涉图的形成原理。知道了光的波长和狭缝的间距，我们就能推算出干涉图的细节。更复杂的孔洞组合形成所谓的“光栅”，可以让穿过它的光形成更为复杂的明暗间隔条纹。反过来，从特定的复杂干涉图推算，我们也能得出形成这种干涉图的“光栅”。

波如何发生干涉

当光通过一个小孔或缝隙时，投射在远处的屏幕上后会呈现明暗相间的条纹。同样的情况会发生在所有的波上，包括水波，从水波观察这个现象更容易看清楚波发生干涉的时候到底发生了什么。

波在遇到有小孔或缝隙的障碍物时会散开，当波长与障碍物的小孔或缝隙的大小相当时，最容易观察到这个现象。这种散开的现象被称为衍射。来自不同小孔或缝隙的波相互干扰，一个波的波谷与另一个波的波峰相遇时，它们会相互抵消，波就消失了。对于光波来说，这意味着在两个波的波峰波谷相遇的地方会出现暗纹，正如托马斯·杨发现的那样。

在冯·劳厄、威廉·亨利·布拉格及他的儿子威廉·劳伦斯·布拉格发现晶体中有序排列的原子可以看作光栅后，我们对原子的探究得到了突破性的进展。是这样的：X 射线通过食盐（主要为氯化钠）晶体后可以得到干涉图，通过这张干涉图我们可以反推出食盐晶体中钠原子和氯原子之间的距离（见图“**食盐晶体**”）。我们还用 X 射线研究了许多比食盐晶体更有趣的晶体结构，比如在 1953 年的剑桥大学实验室里，正是通过研究 X 射线穿过脱氧核糖核酸（Deoxyribonucleic Acid，DNA）结构后产生的干涉图，弗朗西斯·克里克和詹姆斯·沃森找到了生命组成中的关键分子的结构：双螺旋结构。

托马斯·杨，1773—1829，科学多面手。托马斯·杨首先为光的波动性找到了铁证。（美国物理研究所埃米利奥·塞格雷视觉档案馆提供图片）

我们还可以更深入地了解物质的结构，辨别出比晶体结构更微小的东西。要做到这一点，我们必须找到比 X 射线波长更短的波，这就要考虑德布罗意找到的高能电子束了。这样的电子束不仅能用于电子显微镜帮我们研究病毒，要让它拥有更高的能量和更短的波长也是可能的。这为研究比病毒小得多的物体打开了大门：高能电子束形成的干涉图能让我们研究原子核的大小和形状。

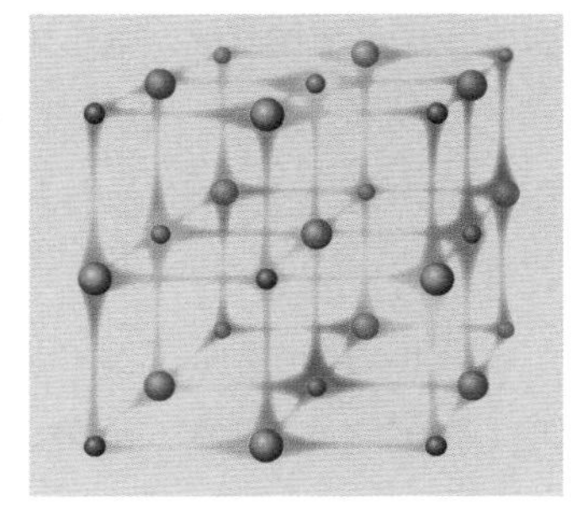

食盐晶体

食盐晶体由交叉排列的钠原子和氯原子组成，呈规则的立方体阵列。原子之间的距离可以根据 X 射线穿过它产生的干涉图推算出来。

现在我们离开原子进入原子核的领域，它的大小不到原子的万分之一。当 X 射线首次被用于研究晶体时，我们没有理由怀疑大自然会有如此小的结构。这个亚原子世界的线索来自一个让人完全意想不到的新性质：放射性。

第 2 章　原子核的发现

放射发现的新世界

随着 19 世纪接近尾声，许多科学家觉得所有重要的科学问题都已经得到解答了，然而这只是一厢情愿的想法。科学家甚至不能在物质是由原子构成的这件事上达成一致，更不用说解释像铜为什么是红色这样基本的问题了！大多数人单纯地觉得铜里有“红色”，今天这样的说法是不能被接受的，铜的颜色应由更具说服力的证据来解释，这需要我们对原子结构更透彻的理解。但我们是如何研究原子结构的呢？原子是如此之小，许多人都怀疑它的存在。

威廉·伦琴，1845—1923，他在 1895 年意外地发现了 X 射线，为世界打开了一扇新的窗户。（诺贝尔基金会版权所有）

我们能研究原子完全是因为一个科学惊喜。1895 年，**威廉·伦琴**以 **X 射线**的发现震惊世界。他一直在实验室里研究是什么让一些照相底版起雾。这些底版一直被小心翼翼地包

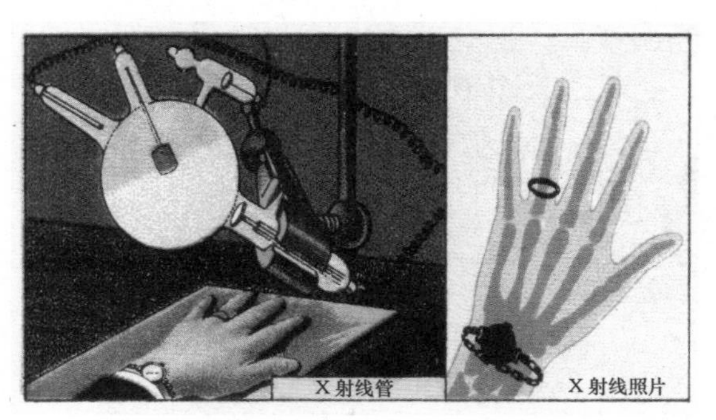

X 射线

X 射线的发现引发了世界各地的科学家投入研究。这也同样引起了公众的极大兴趣，这个热潮在几十年后仍未减退。

裹着，以防止光线照射到上面。伦琴最终发现雾化来自气体放电管发出的一些不可见射线。X射线的发现震惊了世界：这就是神秘的新射线，它可以穿透固体材料，使照相底版起雾。不久以后，世人又对用 X 射线拍成的**手骨照片**赞叹不已。

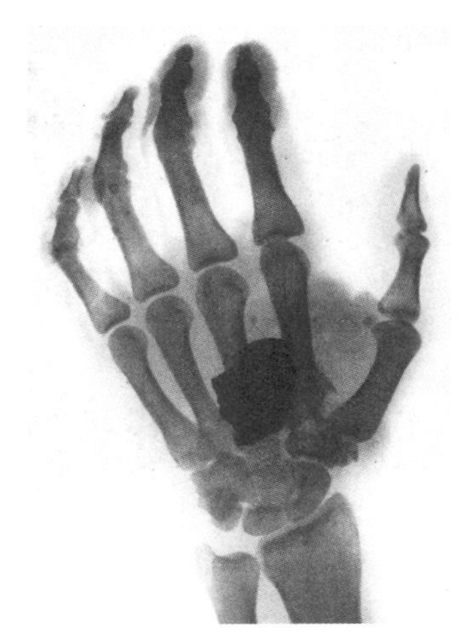

手骨照片

X射线在第一次世界大战期间开始发挥自己的作用。这张图是一只带有炮弹碎片的手，取自居里夫人的《战争中的放射学》一书，出版于 1921 年。（居里与约里奥－居里档案馆）

神秘的 X 射线似乎是从一根管子在黑暗中发光的部分“流”出来的，它发着荧光。这一特性引起了巴黎的**亨利·贝克勒耳**的注意。贝克勒耳当时正研究一种铀化合物，他知道这种化合物也会发出这样“阴森”的光。他发现，这种来自铀的辐射光就像 X 射线一样，可以穿透保护照相底版不受光线影响的黑纸，并在未冲洗的底版上留下痕迹（见图**“新射线留下的痕迹”**）。与 X 射线不同的是，关闭 X 射线管后 X 射线就会消失，而铀化合物的辐射是持续的。贝克勒耳很快就发现，任何含铀的化合物，甚至是纯金属铀都有同样的能力。

一时间，X 射线成为人们的兴奋点，却很少有人意识到贝克勒耳的发现意义之重大，人们过了很久才认可这一发现。毕竟，X 射线在医学和工业方面有非常直观的应用，同时引出了许多科学问题。X 射线也让人浮想联翩，当年流行的卡通片拿它开起了玩笑，说新射线（指 X 射线）将如何穿透维多利亚时代的衬裙。

亨利·贝克勒耳，1852—1908，1903 年与居里夫人和皮埃尔·居里一起获得诺贝尔物理学奖。（诺贝尔基金会版权所有）

放射性元素的猎取

住在巴黎的居里夫人是当时为数不多的受到贝克勒耳的研究启发，从而继续研究这个方向的科学家之一，毕竟当时只发现了铀和铀化合物可以发射X射线。居里夫人有着伟大科学家的本能，她发现了一个了解自然的全新窗口。很快她就发现，另一种元素钍有着和铀相同的性质。在19世纪90年代之前，钍的氧化物只是拿来让煤气灯变亮，而铀化合物自罗马时代以来就一直被用作玻璃中的黄色染色剂。这些曾经令人乏味的元素即将站在科学舞台的中央，提供独特线索，让我们更好地研究物质结构。

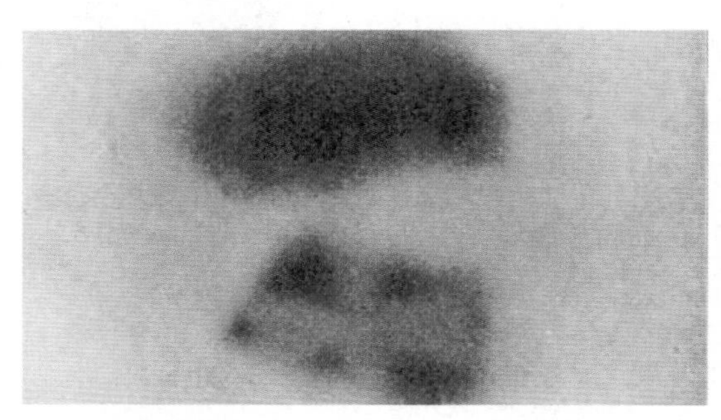

新射线留下的痕迹

照片上有一个浅淡的十字形状图案，这表明一个十字形状的金属吸收了一些辐射，并映射到了底版上。底版是用纸包好、挡住了光线的。这张图由亨利·贝克勒耳制作。

和铀元素一样，钍存在于什么样的化合物中并不重要。所有形态的钍——金属单质钍、氧化钍等，都和含铀元素的物质一样，会放射出相同的射线。这些射线在没有任何外部能量来源的情况下依然能稳定地放射出来。居里夫人首先用“放射性”一词来描述铀和钍所发出的辐射。居里夫人原名玛丽·斯克洛多夫斯卡，那时她刚从波兰来到巴黎，与皮埃尔·居里结婚，当时皮埃尔·居里本人已在物理学上有一些重要发现了（见图“**居里夫妇**”）。居里夫人随后又发现了一种新的放射性元素——钋元素，这是一种存在于铀矿中的微量元素，之后又发现了镭——一种比铀的放射性强得多且非常罕见的元素。这些发现新元素的故事一直鼓舞、启发着人们。

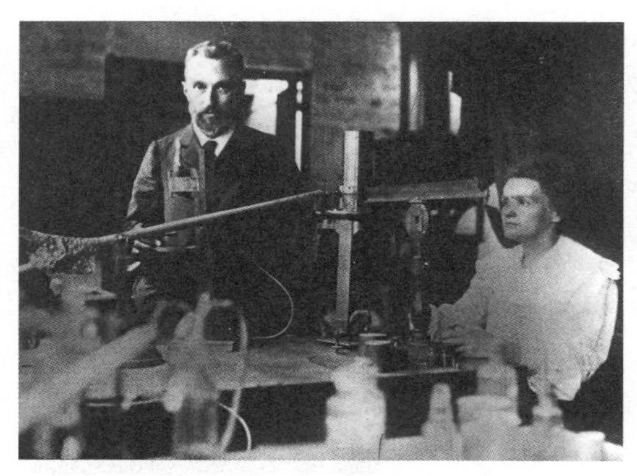

居里夫妇

皮埃尔·居里，1859—1906；居里夫人，1867—1934。1989年，他们在实验室里。（居里与约里奥-居里档案馆）

和铀不同，单质镭会在黑暗中发光，同时辐射出热量。即使是居里夫人提取的极少量镭，也能辐射出不少的热量。镭作为强大辐射源，可以在实验中被进一步利用，因此很快变得非常珍贵。在早期人们就研究用它治疗癌症的可能性，这就是放射疗法的开始。

卢瑟福加入了探索行列

与此同时，一名新西兰年轻人**欧内斯特·卢瑟福**来到英国剑桥大学，与当时最伟大的实验物理学家之一**约瑟夫·汤姆孙**一起工作。汤姆孙对 X 射线使空气导电的原理颇为在意。我们把塑料尺子放在羊毛衫上摩擦，塑料尺就能吸起小纸片，这是因为它得到了电子，多带了一些电荷。而在 X 射线仪器附近，带电的尺子很快就会失去得到的电荷，因为周围的空气可以导电，尺子上多的电荷就能“流”到空气中。而空气具有导电性是 X 射线从原子中释放出一些电荷与空气中的中性分子碰撞，（电子）从而使中性分子电离所致。

最早是汤姆孙和卢瑟福着手探索了 X 射线的电离。除此以外，贝克勒耳发现的 X 射线也能电离空气中的中性分子，探索这种新现象很

印有欧内斯特·卢瑟福（1871—1937）人像的钞票

卢瑟福在放射性领域有许多发现。1931 年，他成为纳尔逊的卢瑟福勋爵，为了庆祝他封勋，新西兰政府把他印在了当地的百元大钞上。

约瑟夫·汤姆孙，1856—1940，电子的发现者。电子是第一个被确认存在的基本粒子。他在 1906 年获得了诺贝尔物理学奖。（诺贝尔基金会版权所有）

快点燃了卢瑟福的热情。大约也是这个时候，汤姆孙暂停了X射线方面的研究，他有了一个重大的发现：电荷存在于一个“封装包”或者说一个粒子中，现在人们称这种粒子为电子（见图**“电子的发现”**），因为这一发现，他获得了诺贝尔物理学奖。现在关于电子的一些知识已经是众所周知的了，比如电线中的电流是电子的流动，电子是每个原子的关键组成部分。

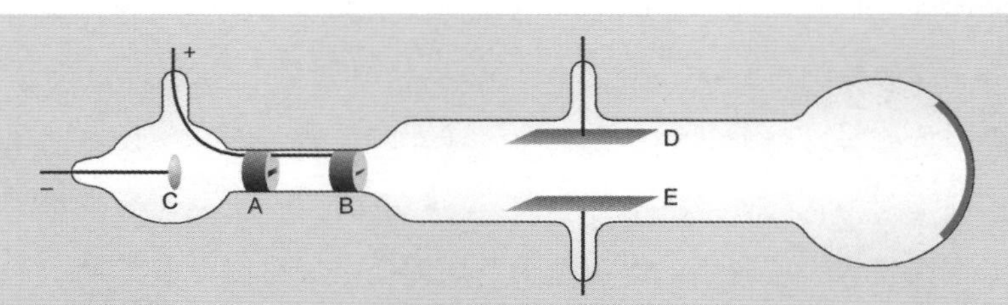

电子的发现

汤姆孙用这个仪器发现了电子，这是阴极射线管的前身，在平面屏幕出现之前，计算机显示器和电视机中都有它。图中，从阴极C发出的电子撞击射线管远端的荧光屏，留下一个光点。汤姆孙的天才之处在于对带电体，即后来的电子射线路径的解释。电极A和B带正电，吸引电子通过狭缝，随后它们的路径被电场和磁场弯曲，电场来自电极D和E，磁场则来自外部线圈。

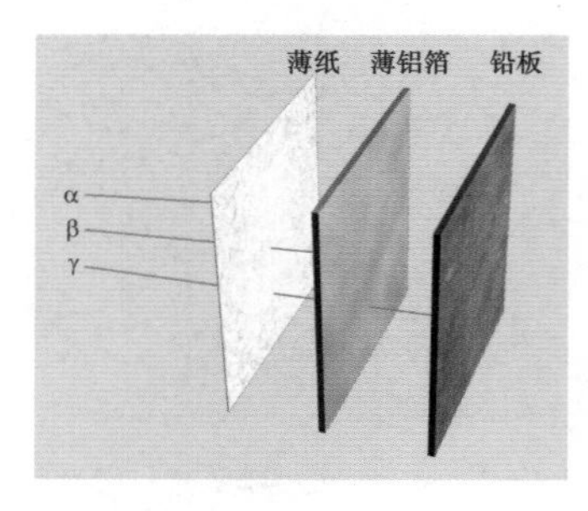

3种射线

α射线会被一张薄纸阻挡，但β射线和γ射线能通过纸张。β射线会被薄铝箔阻挡，但γ射线能轻松通过薄铝箔，甚至是几厘米厚的铅板。

撼动科学的根基

在汤姆孙研究电荷性质时，卢瑟福取得了他的第一个重大进展：他发现了两种不同的放射性。在没有现代仪器的时代，这可不是一个微不足道的发现。这一发现彰显了卢瑟福过人的洞察力和独创性，正是这些特质让卢瑟福声名远扬。

他发现一种射线高度电离且易被吸收，甚至薄薄的纸片也能吸收它。他命名这种射线为α射线。另一种辐射穿透力则强得多，被命名为β射线。最终，γ射线也被发现。（见图**“3种射线”**）

此后不久，卢瑟福确立了放射性最令人费解的特征之一：无论有多少放射性物质，在经过一个半衰期的时间后，其一半会消失，也就是说经过两个半衰期后，就只剩下开始的 1/4 了，以此类推。这一性质被称为指数式衰减，这一概念与第 3 章中要说的原子的量子力学性质息息相关。在这些发现之后，他又有了另一个重要发现，并凭借这一发现，获得了 1908 年的诺贝尔化学奖，这让他很高兴。

化学界的坚定信念被终结

元素是化学的基石。我们周围种类繁多的物质是由碳、氧、氢和氮等元素以不同方式组合而成的。在 20 世纪初，化学界有一个坚定的信念：原子永远不会改变。碳原子永远是碳原子，铁原子一直是铁原子，金原子不可能由铅原子组成，而一个原子一旦是铀原子，那它自然一直是铀原子。卢瑟福和他的同事**弗雷德里克·索迪**（当时正和他一起在加拿大蒙特利尔的麦吉尔大学工作）推翻了这种想法。他们发现放射这个过程会把一种元素转化为另一种元素。不知何故，一种原子放射出一种粒子就成了另一种原子。数千年来，多少人想用铅来制造黄金，人们为此经历无数的徒劳尝试总结的原子不可变的经验就这样被卢瑟福推翻了，他的新结论自然得到了不少骂声。一些报道称，卢瑟福说过："不要把这个过程叫成嬗变，索迪，否则他们会把我们当成炼金术士的！" 卢瑟福和索迪的一种原子会转化为另一种原子的想法在最初遇到了阻力，甚至遭到了居里夫妇的反对。然而在几年内，卢瑟福、索迪和许多其他科学家提出了大量压倒性的证据，"嬗变" 得以被广泛接受。许多人很快就参与了这项复杂的研究，试图弄清楚一种元素会转化成另一种什么元素。由于知道了 α 射线和 β 射线的性质，加上 γ 射线的发现，这项研究变得容易多了。

弗雷德里克·索迪，1877—1956。除了在发现嬗变上做出贡献外，他还是第一个提出"同位素"概念的人，因此他获得了 1921 年的诺贝尔化学奖。（诺贝尔基金会版权所有）

辐射的性质

在发现α射线和β射线之后，物理学家们便热衷于研究它们的性质。β粒子相对容易辨别，它的辐射路径很容易因强磁场而发生偏转，这说明它带电，且其质量为原子质量的数千分之一。β粒子很快就被确定为电子，即汤姆孙发现的最小电荷载体。

α粒子的性质则较难确定。它当然是带电的，但它的辐射路径很难因磁场而发生偏移，这意味着它的质量一定比电子大得多。卢瑟福发现α粒子是氦离子，换句话说是失去电子的氦原子，所以带正电。

地球年龄之谜

嬗变的提出和对α射线、β射线的理解为人们利用放射性进行多种测量提供了理论基础。1905年，卢瑟福声称可以知道自己口袋里岩石的年龄，只因为他知道α粒子是氦离子。

岩石中天然含有微量的放射性铀，这些铀元素转化为另一种元素并在此过程中“吐出”氦离子。氦离子很快会再获得丢失的电子，成为中性的氦原子后被“困”于岩石中。人们在实验室中研究这些岩石，以了解它们含有多少氦原子。

知道了岩石中锁住的氦原子数量，卢瑟福就可以确定自岩石成形以来已经过去了多长时间。要确定这个时间，他必须考虑到岩石中的铀元素和其他元素的数量，比如铅，铅是从铀开始的一系列嬗变的最终产物。今天，这样的分析对地质学而言至关重要，通过研究放射性物质的衰变来确定岩石的年龄是一个高速发展的核技术应用，我们在第7章中会详细介绍相关内容。

在推翻了化学界的坚定信念——元素不能从一种转化为另一种——之后，放射性这一性质也开始威胁到物理学的基石：能量守恒定律。能量可以从一种形式转化为另一种形式，但一个系统的总能量始终保持不变。放射性物质怎么能莫名涌出能量？这是一个真正的难题。后来人们发现核粒子的总质量在经过放射性衰变后会变小。阿尔伯特·爱因斯坦首先证明了质量的损失意味着能量的释放。

但在1904年，在爱因斯坦发表相对论之前，核能解决了另一个令人困扰的问题。伟大的物理学家开尔文勋爵曾估计地球的年龄不可能超过 1 亿岁，否则地核应该有足够的时间冷却下来。地质学家普遍认为地球的年龄要比 1 亿岁大得多，而生物学家说生命需要比 1 亿年更多的时间来进化。卢瑟福指出，地下的放射性矿物可以是额外的热源，因此地球的年龄就有可能比 1 亿岁大了。事实上，他口袋里的石头本身就比开尔文估计的**地球年龄**大得多。

地球年龄

我们的蓝色星球大约存在了 46 亿年。如果不是因为地核里的核物质衰变，地球早就冷却成一个实心球了，就不会有板块构造、地震或火山。这将在第 7 章中进一步讨论。（由美国航天局的玛丽特・亨托夫特－尼尔森、弗里茨・哈斯勒、丹尼斯・切斯特斯，夏威夷大学的戈达德和托本・尼尔森友情提供）

放射性的另一个应用有着里程碑式的意义：研究物质的内部结构。卢瑟福意识到，放射性也许能告诉我们一些比地球年龄更加本质的东西：他发现了原子核。

无形之物的签名

尽管每个 α 粒子的尺寸小得令人难以想象——其大小大约是跳蚤的十亿分之一，但单个 α 粒子依然可以被探测到。这一事实让我们能利用放射性来探究所有物质的基本结构。

α 粒子撞击硫化锌屏幕会产生微小闪光点（称为闪烁）。我们能看到这些闪烁证明人的眼睛对微小的光也是极其敏感的。可是这样的敏感需要代价——只有在漆黑的房间里花上几小时适应，眼睛才会如此敏感——这是早期放射性探索者们乐意付出的代价。发生闪烁这件事本身也很重要，它是说服一些科学家相信原子存在的关键论据之一。

在 20 世纪前 10 年，凭借当时对原子的认识，人们对原子的结构有各种猜想。其中最广为人知的是汤姆孙提出的“葡萄干蛋糕”模型。根据他的猜想，带负电的电子像葡萄干一样点缀在由带正电的物质组成的蛋糕中。尽管他不知道蛋糕里有多少个“葡萄干”，但他知道肯定有足够多的电子来使正负电荷平衡，因为原子是电中性的。这个模型的特点在于正电荷分布在整个原子中，而不是集中在某一点上。汤姆孙和他同时代的科学家从未指望这样的模型能够得到检验，因为在当时，对于看到原子本身这件事，任何显微镜都束手无策，至于要观察原子内部的结构则更是天方夜谭。

细胞核的发现

1907 年，卢瑟福来到英国曼彻斯特，在那里他用 α 粒子做了许多严谨细致的实验（见图“**盖格和卢瑟福在曼彻斯特**”）。有一件事让他感到非常困惑：当 α 粒子穿过空气或云母薄片时，它的路径好像以极小的角度偏离了直线。普通人可能耸耸肩就过去了，而他发现了事情的本质——如果 α 粒子通过的原子的模型是像汤姆孙提出的“葡萄干蛋糕”模型，它的路径就不会发生任何偏转。卢瑟福让欧内斯特 · 马斯登帮忙，欧内斯特 · 马斯登是他的同事汉斯 · 盖格带的本科生。卢瑟福有次说起这件事：“有一天盖革来找我说：‘你不觉得跟我学放射性的小马斯登应该开始做个小研究吗？’我也是这么觉得的，所以我就说：‘那就让他看看是否有 α 粒子会被大角度地散射吧。’”

在盖革计数器发明之前，为进行这项研究，盖格和马斯登不得不一边用显微镜观察，一边手动记录 α 粒子撞击硫化锌屏幕时产生的微小闪光点。他们在放射源和屏幕中间放了一片金箔，当 α 射线穿过金箔时，一些 α 粒子会被金箔散射。就这样，他们测量了偏转的 α 粒子的比例。

大多数 α 粒子是直接穿过金箔的，只被轻微偏转，而有一小部分但数量不

盖格和卢瑟福在曼彻斯特

汉斯 · 盖格（左），1882—1945，与欧内斯特 · 卢瑟福一起，在卢瑟福位于英国曼彻斯特的实验室里。这张照片是在发现原子核前后拍摄的。（科学博物馆、科学与社会图片库提供）

容忽视的 α 粒子则被大角度地散射了。通过图**“测量结果”**可以看到，偏转了 20 度的粒子数量是偏转了 120 度的粒子数量的 1×10^3 倍。这让卢瑟福感叹道：“这就好比你向一张纸巾发射了一枚 15 英寸（1 英寸 =2.54 厘米）的炮弹，而它反弹回来击中了你。”卢瑟福知道，葡萄干蛋糕模型中的正电荷过于分散，无法提供 α 粒子偏转所需的巨大能量，毕竟 α 粒子几乎是以光速移动的。只有原子的大部分质量和电荷都集中在一个很小的范围内，才可能凝聚足够的能量使 α 粒子偏转。当然，α 粒子不可能被电子反弹回来，因为电子的质量约为 α 粒子的八千分之一，这就好像用一粒米使保龄球的轨迹发生偏移一样不可能。

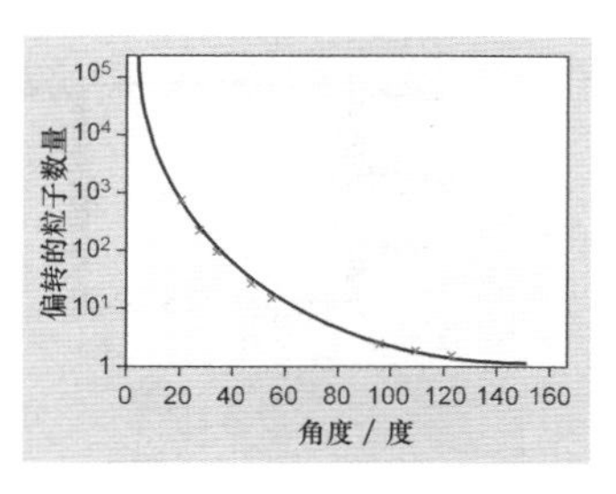

测量结果

图中的曲线是卢瑟福的预测，即大部分 α 粒子会被小角度散射，被大角度散射的 α 粒子会少得多。图中的叉号是盖格和马斯登的测量结果，与预测曲线非常吻合。要是根据那些没有原子核的原子模型预测，所有的 α 粒子几乎都不会被散射。

因此卢瑟福推断，α 粒子一定被原子中心一个体积小而密度大且带电的原子核所散射。因为如果正电荷均匀地分布在原子中，那么所有的 α 粒子都会穿过金箔而几乎不发生偏转。

散射解开谜团

盖格和马斯登用金原子做的第一个简单实验为物质的革命性新蓝图的绘制打下了坚实的基础。我们需要对物质进行更细致的描述，而我们需要的描述在这个实验之后很快就出现了。卢瑟福根据有核原子模型，计算出了不同类型的材料能以什么角度散射多少 α 粒子。计算的时候，他用了化学界最新的理论，该理论能预测铝、银和金的原子核可能有多少电荷。

盖格和马斯登用 α 粒子轰击了许多物质。从图**“α 粒子的散射”**中可以了解到大致的实验装置原理。他们在黑暗中用显微镜观测硫化锌微小闪光点的数量，然后煞费苦心地计算了直接穿过各种薄金属箔和被反弹回来的 α 粒子数量的比例，还有从各种角度被散射的 α 粒子数量的比例。要让实验结果有意义，就需要进行大量的实验以获得足够数量的被大角度散射的 α 粒子，而完成这些

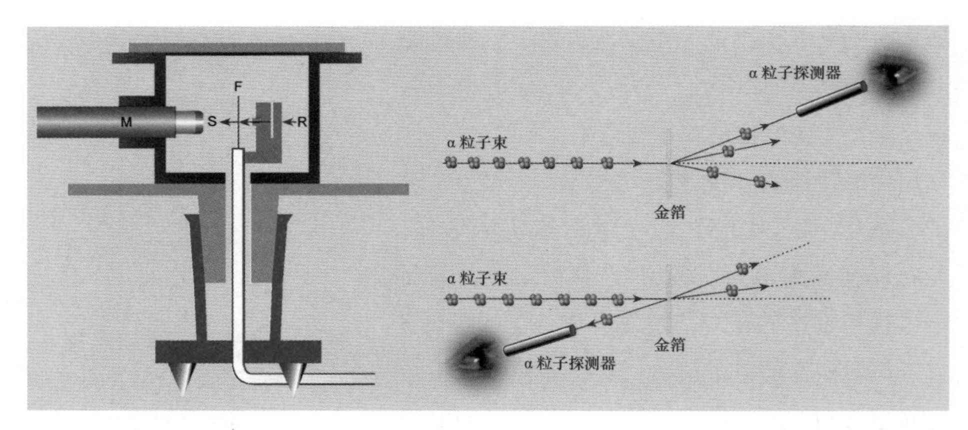

α粒子的散射

盖格和马斯登用来验证卢瑟福对α粒子散射预测的仪器。R是α粒子发射器，F是金属箔，S是荧光屏，M是用来观察的显微镜。可以四处移动荧光屏和显微镜，以便数清被以不同角度散射的α粒子的数量。右上部分的示意图模拟了对一些被小角度散射的α粒子的观测，右下部分的示意图模拟了对一些被大角度散射的α粒子的观测。

实验需要极大的耐心。卢瑟福坦率地承认，他没有足够的耐心来完成这些工作。

盖格和马斯登的测算结果与卢瑟福的预测几乎完全吻合，你可以在图**"测量结果"**中看到。凭借自己的慧眼与耐心，这些先驱者有了重大的发现：原子有核。这一发现不仅给物理学带来了变革，也改变了天文学、化学、生物学乃至我们对世界的看法。实验甚至让我们确定氢原子核和氦原子核的直径一定小于4飞米（1飞米 = 1×10^{-15}米），而金原子核一定不大于40飞米。形象地说，1飞米之于1微米相当于1微米之于1千米。再形象地说，一个普通原子核的大小相对于1米而言就好比一个针头相对于地球到太阳的距离，见图**"类比太阳系"**。

这些实验的贡献远不止证明原子核存在这么简单。它们开创了一种研究自然的新方法：散射实验。即使在今天，研究原子和原子核最重要的方法依然是向一个目标发射一束粒子，并观察它们如何被散射。面对半径仅为（2～3）$\times10^{-10}$米的原子和不及原子万分之一的原子核，当时的人们当然想不到能从哪些方面了解它们，可近100年后，我们已经知道了大量关于它们的知识，而这些知识主要来自散射实验。今天，这类散射实验比盖革和马斯登的复杂得多，可它们都基于同一个原理。今天的粒子加速器比起当时的放射源能提供更高的能量和更高强度的粒子，科学家也不用继续坐在黑暗的房间里用肉眼观察和数闪光点。他们可以使用复杂的电子探测器来观察，用阵列式计算机来分类和存储实验产生的几吉字节的数据。随着时间的推移，散射实验所用的仪器变得越来越复杂和精密，而欧洲核子研究中心的大型强子对撞机只是其中较新的一个而已，它也是通过散射能量越来越高的粒子来了解物质结构的。

卢瑟福知道，他的有核原子模型还有许多未解之谜。比如，如果所有的正电荷都在中间这个小小的原子核中，而带负电荷的电子则像行星围绕太阳一样围绕原子核运动，那为什么这些会被正电荷吸引的电子没有贴上原子核并让原子核电中和呢？原子和太阳系之间有一个重要的区别：地球和其他行星都处于围绕太阳的稳定轨道上，而轨道上的电子会在围绕原子核运动时失去能量，因

类比太阳系

通过原子的 α 粒子的路径可能被强烈偏转，用太阳系做类比，这个现象就很容易理解了。彗星的轨道在靠近太阳的地方会非常弯曲，这是因为在靠近太阳的地方，彗星受到的太阳引力很大，在离太阳远的地方受到的太阳引力则小得多。如果太阳的质量是分散在整个巨大的太阳系中的，那来自太阳系外的物体的路径就只会被微弱地偏转。同样，如果正电荷不是集中在一个很小的原子核里，α 粒子的路径也只会被微弱地偏转。（尤里安·鲍姆）

为电子在加速时会放出辐射。在做圆周运动的粒子，即使其速度大小不变，也有一个指向圆心的加速度。通过辐射产生能量损失意味着电子应该迅速地旋近原子核。要解决这个难题，需要科学新人的天才头脑。

在轨道上的电子

在英国曼彻斯特，一个叫尼尔斯·玻尔的丹麦年轻人正在卢瑟福这里长期访学。玻尔回答了卢瑟福提出的问题，该回答也解释了一个令人费解的现象：当有电流通过氢气时，会有光产生。每种元素都会发出特定颜色的光，见图**"原子的指纹"**。瑞士教师约翰·巴耳末早些时候在分析氢气所发光的颜色时发现了

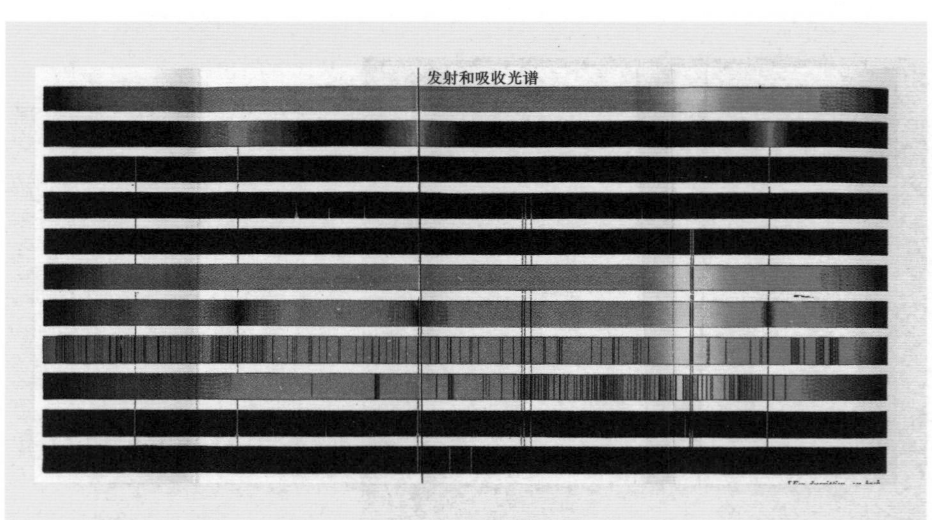

原子的指纹

每种元素都有独特的光"指纹"，也就是光谱。每种元素被加热时会发出特定的不同颜色的光，这些光可以通过棱镜或其他类型的光谱仪来观察，由此产生的图案被称为发射光谱。让由所有颜色的光组成的白光穿过某种特定元素的蒸气，这个元素相应的原子会吸收与元素蒸气相同颜色的光，剩下的光称为吸收光谱，看上去是一系列的黑线。图片上的一系列光谱是诺曼·洛克耶在1874年出版的《天文学初级课程》(*Elementary Lessons in Astronomy*)一书的封面图案。洛克耶首先发现了太阳上的氦元素，当时氦都还没有在地球上被找到，他也因此成名。也正是因为这个原因，该元素被命名为"Hēlios"，即希腊语的太阳。

656.210纳米　486.074纳米　434.010纳米　410.12纳米

巴耳末系

氢原子的可见光谱中有 4 条线，每条都对应了氢原子会发出的特定能量。该能量由电子跃迁产生，是当氢原子从它的一个能级跃迁到另一个能级时发生的现象。

一个意义重大的数学规律。科学家们认为，像**巴耳末系**这样如此符合数学规律的现象一定有一个明确的解释。从图**“原子的指纹”**中可以看出其他元素的光谱都比氢这个最简单的元素的光谱复杂得多。

玻尔对卢瑟福的模型进行了一些高明的改进，提出了自己的模型，从而解释了为什么电子不贴近原子核这一神秘的现象，同时完美解释了巴耳末系产生的原因。模型的基本思路是，电子围绕原子核旋转时是被限制在一系列的固定轨道上的，所以它们不会贴近原子核，当它们在轨道上时就不会辐射出能量，就好像原子核周围有一些看不见的铁轨，电子必须在上面跑，见图**“玻尔原子模型”**。而当电子从一个轨道跃迁到另一个轨道则会辐射出能量。这些轨道是由与玻尔同时代的物理学理论决定的，其中一个重要的新理论是马克斯·普朗克和爱因斯坦的量子理论。巴耳末系的 4 条光谱线正好对应电子在氢原子的轨道之间进行的不同跃迁。电子并不是持续地旋转着靠近原子核，而是从一个轨道跃迁到另一个轨道，直到跃迁到能量最低的轨道。每一次跃迁，原子都会发射出特定频率的光，光带走能量。当电子跃迁到能量最低的轨道时，原子将不再产生辐射。此时的氢原子处于基态，任何孤立的氢原子都会达到这个状态。

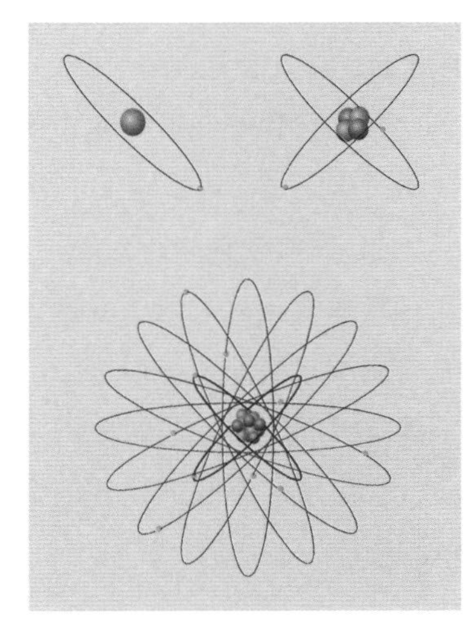

玻尔原子模型

玻尔的氢原子模型（左上）。之后他进一步提出了氦原子模型（右上）和氖原子模型（下）。

普朗克和爱因斯坦曾用革命性的概念解释了辐射和热的一些令人困惑的性质，他们解释说能量是由一份一份的“量子”组成的。

1913年，玻尔将这些概念应用于原子结构，并首次解释了为什么电子不会贴近原子核。他提出的模型使许多人相信了卢瑟福提出的原子核模型，这是让物理学走向量子理论的关键一步，而量子理论也成了解释原子尺度上各种现象的基本理论。

到此为止，我们对原子结构的探索还远远没有结束。虽然已经有很多人相信玻尔原子模型是有点儿东西的，可它除了氢原子没办法说明其他任何原子的属性。直到20世纪20年代量子力学兴起，原子结构的全貌才浮出水面。

制作元素的原料

尽管玻尔原子模型有它的局限性，但它广义的基础概念在今天仍然有自身的意义。玻尔原子模型提供了一种理解化学元素的框架，以及用来描述原子和原子核的语言。一个电中性原子总电荷数为零，因为所有电子携带的负电荷数与原子核携带的正电荷数一致，正负电荷平衡了。原子核携带的正电荷数在数值上等于原子序数，原子序数用字母 Z 表示。知道一个原子的 Z 值就能知道它是哪种元素。比如最简单的氢元素，它的 Z 值等于1，而次简单的氦元素，其 Z 值等于2。由此可知氦原子的结构：两个电子在轨道上围绕着一个含有两个正电荷的原子核。

氢元素和氦元素是宇宙中含量最丰富的两种元素。宇宙中约有3/4的物质是氢，剩下的1/4的绝大部分是氦，氢元素和氦元素之外的100多种元素只占了2%。当然在有些地方，这100多种元素里的一些元素更为常见，比如碳元素、氧元素和铁元素，地球就是这样一个地方。除了氢元素、氦元素和锂元素，其他的化学元素都是在恒星中产生的，比如金元素是在一颗巨大的恒星发生超新星爆发时产生的，而铅元素主要是在红巨星中产生后被抛到太空中的，也许最后就会出现在像我们这样的行星系统中。第9章里会有更多关于元素是如何在恒星中产生的内容。

质子、中子和同位素

卢瑟福把氢原子核命名为质子。一个质子携带的电荷与一个电子携带的电荷数量相等，电位相反，它的质量大约是电子的2 000倍，原子的大部分质量集中在位于原子中心的原子核中，这一点和卢瑟福提出的模型一致。

氦原子核有两个质子，理论上它的质量应该是只有一个质子的氢原子核质量的两倍，可它的质量却是氢原子核质量的 4 倍，因为它还包含两个不带电的粒子：中子。而质子和中子的质量相当。其实，也不是所有的氢原子核都仅仅由一个质子构成，有一些氢原子核还会包含一个或两个中子。同样，也并非所有的氦原子核都由两个质子和两个中子构成，有一些氦原子核会由两个质子和一个中子构成。一种元素的原子核会有特定数量的质子，但是可以有不同数量的中子。因此借以识别元素种类的是该元素原子的质子数，而不是中子数。质子数相同而中子数不同的电中性原子（电子数与质子数相同）是一种元素的几个同位素。而一个原子的质子数就是这种元素的原子序数 Z，所以我们说，正是原子序数 Z 决定了一种元素所特有的化学性质。一般来说，核子这个词被用来指代质子和中子，因此我们说氦原子核含有 4 个核子。

大多数元素都有多个同位素，所以一个原子核会用第三个数字来描述，以便精确定义它，这个数是质量数 A，它指原子核内质子数与中子数的总和。例如，世界上大多数的碳原子都有 6 个质子和 6 个中子，因此普通的碳原子质量数 A 就是 12，这种质量数为 12 的碳同位素可以写成碳 −12。根据核物理学惯例，本书之后会把它写成 ^{12}C（见图**"原子核标示法"**），C 表示碳的元素符号。一种具有 8 个中子的碳同位素也少量存在，这种更罕见的 ^{14}C 具有放射性，可以用来确定古代遗迹的建造日期，这种技术被称为"碳定年法"。

自然界存在的放射性（也就是不稳定）同位素比稳定同位素多得多。拥有最多的稳定同位素的元素是锡（Sn），其原子序数 Z 为 50，其稳定同位素的质量数 A 为 112、114、115、116、117、118、119、120、122 和 124，可以写成

原子核标示法

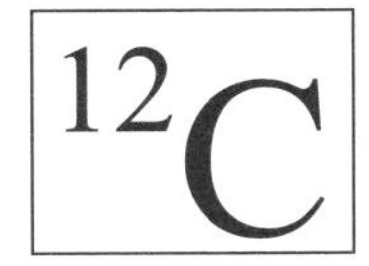

一个原子核由它代表的化学元素的符号（质子数决定元素种类）和质量数 A（质子数与中子数的和，即核子数）表示。因此，^{12}C（读作碳 12）原子核由 6 个质子（碳元素的质子数量）和 6 个中子构成。碳同位素 ^{14}C 的原子核中也有 6 个质子，但比 ^{12}C 多 2 个中子。原子或原子核的质量通常以原子质量单位的方式给出，其中原子质量单位就是电中性 ^{12}C 原子质量的 1/12（约为 1.66×10^{-27} 千克）。核子的总数就是原子质量数，简称质量数。

^{112}Sn 等。你可能会注意到两个规律：一是所有锡的稳定同位素的中子数都比质子数多（质量数 A 为 112 的锡原子有 62 个中子，即 $112-50=62$），二是上述数据中没有质量数 A 为奇数 113、121 和 123 的情况。研究发现，所有的原子核里中子数都大于等于质子数，并且一个原子里质子和中子的数量都更偏向于偶数。这些现象都需要解释，在第 6 章就会看到了。

我们现在可以准确地说出 α 粒子究竟是什么了，它是最常见的氦同位素 ^{4}He 的原子核。为什么一些较重的原子核会选择放射出 α 粒子呢？相关内容会在我们继续深入物质核心的过程中渐渐展开。下表为一些重要的同位素的介绍。

一些重要的同位素

符　号	元　素
^{1}H	氢，最常见的氢同位素
^{2}H	氘（重氢）
^{3}H	氚（放射性氢）
^{4}He	氦（α 粒子）
^{12}C	碳，最常见的碳同位素
^{14}C	碳 -14，稀有的放射性同位素，用于测定年份
^{16}O	氧，常见的氧同位素
^{56}Fe	铁，最常见的铁同位素
^{235}U	铀 -235，稀有的铀同位素
^{238}U	铀，最常见的铀同位素

第3章　是粒子还是波

物质核心里奇怪的规律

电视新闻或电影中有时会出现一个人使用盖格计数器的画面：有时是探矿者在寻找铀矿，有时是医院工作人员在核查用于治疗癌症的重要放射性材料。盖格计数器是粒子探测器，每次探测到高能粒子进入时，都会发出特有的嗒声：嗒，一个粒子；嗒，又一个粒子。

现在我们已经知道了X射线是原子里的电子跃迁发射出的射线，而γ射线这种能量更高的电磁辐射是从原子核内发射出来的。盖格计数器的嗒声则是量子怪异的标志——嗒声意味着γ射线作为一种波在盖格计数器面前表现出了粒子的行为。该性质就和电子这样的粒子有时会表现为波一样（前文已经提到过我们可以如何利用电子的波的特性来研究物质结构），所有的电磁波偶尔也会表现为粒子。

拉里·卡辛厄姆与他公司的一个盖格计数器在1955年的一个广告中出现。（图片由拉里·卡辛厄姆和柯蒂斯·卡辛厄姆提供）

每种粒子都有一个名字，光的粒子叫光子。所有的电磁波，无论是 γ 射线、X 射线、可见光、紫外线还是无线电波，都由光子组成。这些不同的电磁辐射的振荡频率有所不同，在本书第 17 页的图**“电磁辐射”**中可以看到。

不像其他如声波一类的波，电磁波有一个重要特性是传播时不需要介质。声波需要借助空气或其他介质来传播，而所有形式的光都可以在真空中传播。正是因为光子能在近乎真空的宇宙中“快乐地旅行”，太阳发出的辐射才能给地球带来温暖和光明。

光子的奇怪世界

每天，可见光的光子让我们能享受周围的环境。我们可以用显微镜来扩大我们的观察范围，去研究那些因为太小而无法用肉眼看到的物体。但是，当需要观察那些小于可见光波长的物体的结构时，普通显微镜就无能为力了。为了看到这种结构，我们需要使用波长更短的光子。比如 X 射线照射食盐晶体时产生的干涉图案可以用来推测原子的间距。干涉图案产生的过程可以用量子效应来理解。

我们可以想象一下，调低 X 射线的强度，低到每次只能有一个光子通过晶体，此时的 X 射线表现出粒子的特性，一个光子会让胶片上的敏感材料的一个小颗粒变黑。而当我们一次向晶体发射大量的光子，每次都瞄准完全相同的位置，最终形成的光斑就是一个干涉图案，仿佛是一种波形成的。

当光子作为一个粒子照射到胶片时，要想形成干涉图案就要让每个光子“看到”整个晶体的原子阵列。不知何故，光子既像波一样整体穿过了晶体，又像粒子一样使胶片一个小点一个小点地变黑。胶片上的单个小斑点并不是干涉图案，只有在大量的单个光子通过晶体后，才会形成干涉图案。

怪异的量子效应

在射出 X 射线时，尽管所有的光子是以完全相同的方式瞄准同一个地方射出去的，但它们并没有堆积在胶片的同一位置。随着越来越多的光子击中胶片，所形成的图案体现了粒子也具有波的性质。我们无法预测一个特定的光子被射出后会出现在胶片上的哪个位置，但是大量光子击中胶片后最终会形成的整体图案是可以预知的，成群的斑点会聚集在一起形成条纹，条纹与条纹中间有空隙，而空隙上不会有斑点。这种干涉图案只要量子效应足够明显就会显示出来。

许多人认为“不确定性”是量子怪异的行为中最令人困惑的特征。几个世纪以来，物理学一直建立在一个规则上：完全相同的初始条件会带来完全相同的结果。可在 X 射线干涉实验中，这一规则被打破了：我们根本不能预测一个光子会在胶片的什么位置留下痕迹。

然而希望并没有破灭。一种新的、有限的可预测性在推翻原来的可预测性时逐渐显现。在以前，人们觉得自己是可以预测出一个粒子会去哪里的。而现在，虽然粒子的落点不可预测，但大量不可预测的落点建立起来的模式本身是可预测的，而且只要重复整个实验就一定可以得到一个结果，只是我们不得不放弃自己应该能预测单个粒子在胶片上的落点这样的想法。可预测性和不可预测性新奇的相互作用在核物理领域会反复出现。

更怪异的量子效应

在干涉实验中，晶体中原子的排列决定了最终的干涉图案。每个光子都必须以某种方式“看到”整个晶体，即使它只是落在胶片上的一个点。可如果我们想通过观察来确定光子穿过晶体的确切位置，干涉图案就荡然无存了。这就好比一个光子是一个大体积的东西，但当我们去观察它时，它却变成了一个特定的点。这一定程度上验证了**维尔纳·海森伯**（另译为维尔纳·海森堡）的不确定性原理——一个影响亚微观世界一切的原理。

量子效应不局限于光子，电子、质子和中子也有同样奇怪的行为表现，这就是我们很难想象出原子的真实面貌的原因之一。

电子确实围绕原子核运行，但其方式并不像第 2 章的图**“玻尔原子模型”**中的那样，类似于一个微型太阳系，行星围绕太阳运动。如果电子的行为就像行星一样，那它们经过的位置一定能被精确测量。而实际上电子的位置只能以一个概率给出，在我们观测电子的位置之前，它并没有一个精确的位置。而且要测量电子在原子里的位置，就几乎一定会把它从原子中分离出来，这就和一观测 X 射线通过晶体的位置，干涉图案就消失了一样。

维尔纳·海森伯，1901—1976，图左，是量子力学的建立者之一。他的导师尼尔斯·玻尔，1885—1962，是第一个将量子思想应用于原子的人。海森伯是第一个将中子纳入原子核模型的人。（美国物理研究所埃米利奥·塞格雷视觉档案馆提供图片）

一个物体总是会在某个地方这个想法再自然不过了，这个想法是我们从日常生活经验中总结出来的。新的量子世界观迫使我们重新思考“位置”的意义。就电子而言，我们只能预测电子在原子某一位置上被发现的可能性。这并不是因为我们的理论或测量仪器有任何缺陷，而是因为在这个微观的尺度，大自然本身的属性是如此。

利用电子表现出的波的行为，即电子干涉，可以测量原子核的大小和晶体的结构。与X射线类似，当高能电子束撞击目标原子核时，尽管我们没有办法预测某个特定电子会在哪里留下痕迹，但一个可预测的干涉图案会在胶片上逐点形成，重复实验就会有重复的结果。

并不是电子和光子才有怪异的量子效应。所有原子与核子（包括质子与中子）都有类似的“精神分裂”行为，我们称之为波粒二象性。有时它们的行为像波，并表现出干涉效应，有时它们的行为又像粒子，见图**“电子干涉图案”**。

自1925年以来，物理学家已经接受了这样一个事实：原子、原子核的世界与我们熟悉的以米和厘米丈量的物质世界截然不同。量子理论的先驱之一尼尔斯·玻尔曾经说过：“如果你不对量子力学感到震惊，那说明你不了解它。”另

电子干涉图案

电子束穿过金箔，照射到屏幕上形成干涉图案。光的干涉让托马斯·杨把光理解为波，乔治·汤姆孙、戴维孙和革末对电子干涉现象的发现也证实了德布罗意的假说：电子也可以是波。

一位传奇式的物理学家理查德·费曼（另译为理查德·费恩曼）则更为激进，声称没有人理解量子力学。是的，即使是每天都在应用量子物理学的物理学家也觉得它令人十分费解。

经历半衰期

放射性很明显是一个量子不确定性的例子，也就是说具有相同的初始情况会有完全不同的结果。假设我们有 100 万个完全相同的铀原子核，这里所说的“完全相同”超乎寻常，它们不只是像用同一条生产线生产出来的牙刷那样相同，而且这些原子核在任何一个可想象的维度上都是一模一样、无法被区分的。这些原子核也是不稳定的，会发生放射性衰变，可它们的衰变时间却不尽相同。我们只能说它们在一定的时间间隔内发生衰变的可能性是相同的。

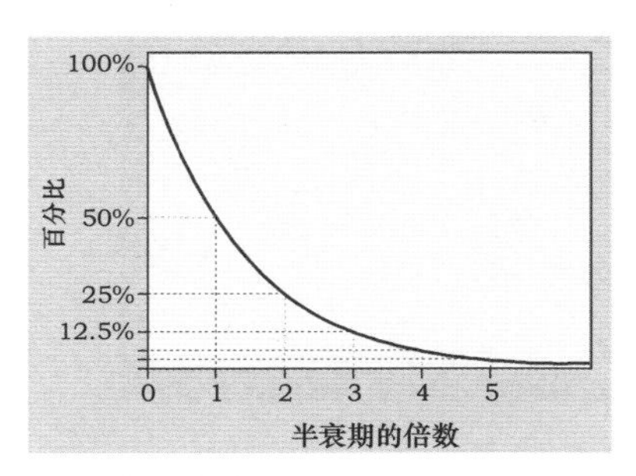

原子核的半衰期

经过一个半衰期的时间后，一半的原子核将发生衰变。经过两个半衰期后，将只剩下 1/4 的原子核。经过 3 个半衰期之后，将只剩下 1/8 的原子核，以此类推。

经过一定的时间（半衰期），一半的原子核将发生衰变，但是我们没有办法预测某个特定的铀原子核何时会发生衰变（见图**“原子核的半衰期”**）。然而有趣的是在量子效应上决定论（相对于不确定性）也确有部分成立：取一个更大的铀原子核样本，这个样本的一半发生衰变所需的时间和另一个小样本衰变一半的时间是一样的。我们也可以想一种方法来否定原子核衰变中的不确定性，也许衰变看上去的不确定性源于我们的无知，也许这些看似相同的铀原子核终究是不同的，也许它们内部有一些我们无法观察的特征可以用来区分它们。这些“隐藏的变量”被锁在每个单独的铀原子核内，决定了这个原子核何时衰变。

然而现在大多数物理学家都相信，大自然并没有什么隐藏的变量来解释放射性衰变的不可预测性。我们只能接受“大自然是不可预测的”这一观点。

核转变

如今，“来个量子跃迁”（俚语，意为进行质的飞跃，大跨度的转变）已经是一个日常用语了，但它意味着什么呢？量子跃迁体现了量子世界与我们熟悉的人类思维中的世界的不同。尽管从人类的角度看，原子或原子核进行量子跃迁所需要的能量微不足道，但在原子或原子核的尺度上，这个能量是巨大的。当然，我们将会看到，量子跃迁需要的能量并不是连续堆积而成的。

记录轨迹

图中的每一条轨迹都是α粒子通过充满过饱和水蒸气的云室时留下的痕迹。这些轨迹证明了α射线的粒子性，但要了解α粒子是如何从原子核中发射出来的，我们必须把它看作波。

原子核的放射性衰变又一次为我们提供了一个观察极小的量子世界（包括量子跃迁）的窗口，见图**“记录轨迹”**。不可思议的是，原子核发射的单个粒子可以在云室中留下明显的轨迹。左侧图片里就是从原子核中离开的α粒子在经历转变时留下的轨迹，这种转变赋予了α粒子足够的能量，以使其留下我们所看到的轨迹。这些轨迹中蕴含着大量的信息，包括粒子具有的能量。能量最高的粒子会留下最长的轨迹，因为在减速到停止运动为止，它的位移最大。严密地测量云室中的轨迹，我们发现一些

α 粒子拥有的能量会比其他 α 粒子少一点。

测量 α 粒子的能量是至关重要的，而如今云室早已被硅探测器所取代。现代的硅探测器一般是双面硅条探测器（见图**“双面硅条探测器”**），在图**“硅探测器的使用”**中，我们看到在真空散射室中，4 个双面硅条探测器阵列围绕着一个目标排列，光束将瞄准这个目标。这些特殊的硅芯片会在粒子击中它们时发出一个电信号。利用这个电信号我们能精准地测量粒子携带的能量大小。硅探测器的探测结果证实，一些 α 粒子拥有的能量确实比其他 α 粒子少一点。这种差异非常明显，粒子的能量从最大能级开始逐阶减小。这里涉及一个重要的物理概念：能量守恒定律。理查德·费曼将其称为物理学的基石。这个定律意味着一个系统的总能量始终是不变的。由完全相同的原子核发射出的 α 粒子，一些拥有的能量比其他的少一点，那么缺少的能量必定留在了子核：原子核发射 α 粒子后形成的新原子核叫子核。

α 粒子从原子核中射出时携带的能量是通常被锁在原子核内的核能。由于被射出的 α 粒子只具有一组特定的能量值，那么留下的子核也只具有一组特定能量值。这些值被称为能级，在图示中通常用一系

硅探测器的使用

当一个经过加速器加速的高能粒子击中目标原子核后，往往会出现多个带电粒子。双面硅条探测器阵列能够测量在这一过程中产生的带电粒子所携带的能量和位移方向，提供给我们了解核反应过程的无价信息。在这张图片中，一束粒子从左上方进入，并击中目标原子核，目标原子核被放在由 4 个双面硅条探测器组成的方形阵列的中心。整个装置在运行时都需要放置在高度真空的环境中。

双面硅条探测器

图中是一个双面硅条探测器。双面硅条探测器可以记录入射带电粒子的位移方向和能量。一侧记录某个方向上的位移分量，另一侧记录其垂直方向上的位移分量。

列水平线来表示。一个原子核只能以一系列特定的能量值存在是一个新的普适定律。这个定律不仅对在α衰变中产生的子核适用，也对所有核子适用，还对原子和分子适用。所有这些微小的物体能携带的能量都是一系列固定数中的一个，被称为能态。只有当我们把这个规律和日常生活相比较时，我们才会意识到它是多么的奇怪。

比如一辆汽车：它移动得越快，它具有的能量就越多。理论上，它能携带的能量值可以是从零到它最高速度所对应能量值中的任何一个。现在想象一下，当汽车达到最高速度时燃料耗尽。它开始减速，它携带的能量值会遍历所有可能的值，直到它停止。它不会以一个不连续的速度阶梯式地减速，在速度下降的过程中也不会存在某一个能量值没有出现的情况。

再比如一个烧红的火钳冷却的过程。热能是一种形式的能量，在冷却过程中火钳会失去能量，但它并不会降温到某一特定的温度后停止，再“跳”到一个较低的温度冷却。它只会不断地冷却，在此过程中，温度值会遍历所有可能的值。这过程对我们来说如此自然，我们从来不觉得有必要把这个过程叫作“无跃迁”过程。

在原子的世界中，原子核确实会在不同的能量值之间“跳跃”。如果一个原子发射出的α粒子具有的能量值低于可能的最大值，子核就留下一些在基态（具有可能的最小能量值时的能态）之上的能量，子核处于激发态。与汽车或烧红的火钳不同，原子核失去能量会“跳跃”到一个能量较低的能态。它可能会重复“跳跃”多次直到达到基态为止。

每“跳跃”一次，它就放射出一个能量包。这个能量包就是γ射线光子。铀矿勘探者听到的盖革计数器的嗒嗒声大部分是由发射出的γ射线引起的，这是α衰变过程的次级效应。大多数α粒子并不能穿透盖革计数器壁。“量子跃迁”一词指的是一种量子力学体系的状态发生跳跃式变化的过程。就原子核这个体系而言，发生量子跃迁时，原子核以不连续的方式损失能量，而不是平稳地损失，不过和做一杯咖啡所需的能量相比，单个原子核失去的能量微不足道。量子跃迁并不是我们可见世界里的大跃迁，而体现了原子核能量的不连续变化，这意味着其结构的变化也是不连续的。原子的量子跃迁发生在一个非常短的时间内：一次跃迁发生在上一次跃迁的一万亿分之一秒（1×10^{-12} 秒）后，有时这个间隔时间会短至上一次跃迁的一千万亿分之一秒（1×10^{-15} 秒）后。

激发态的原子核

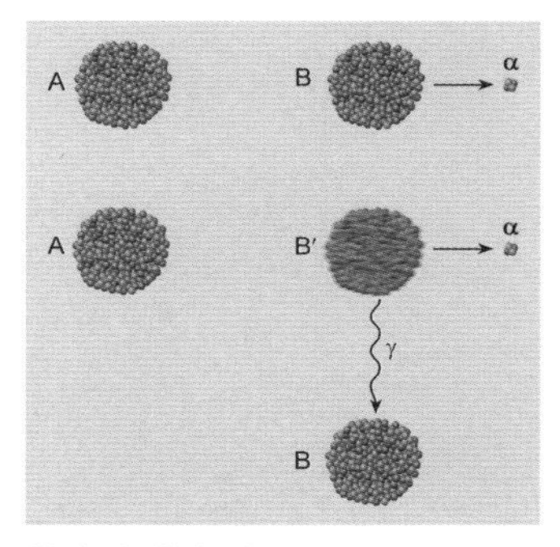

基态和激发态

一般来说，当原子核 A 发射出一个 α 粒子后，所产生的原子核 B 没有多余的能量，我们说它处于基态，并且发射出的 α 粒子具有最大的能量。而有时，如图下半部分所示，新产生的原子核处于激发态。在这种情况下，余能之后会以 γ 射线的形式被抛出。

几乎所有的原子核都有一系列激发态，见图**“基态和激发态”**。唯一的例外是少数非常脆弱的原子核，它们一旦具有太多能量就会破裂，比如氘（重氢）的原子核，它仅由一个质子和一个中子组成，维持二者结合状态的作用力非常弱。

每个拥有特定数量质子和中子的核都有自己独一无二的一系列的激发态能量值。从医学到考古学，这些“指纹”都有很重要的应用。α 衰变并不是唯一能使原子核处于激发态的过程，我们可以直接赋予原子核能量，比如用高速粒子（通过加速器加速）轰击它们。关键的一点是，如果一个原子核发现自己确实处于高度激发态，它就能进行一连串的量子跃迁来衰变，这一过程称为转变，直到它达到最低能态。

当一个原子核在不同状态之间进行量子跃迁时，就会发出 γ 射线，它带走了两个状态之间的能量差。这些 γ 射线的能量可以用特殊的探测器非常精确地测量出来，见图**“测量 γ 射线”**。一个原子核发射的 γ 射线的能量值系列，即该原子核的 γ 射线光谱，可以用来确定这个原子核的种类。解释这种光谱的细节对核物理理论来说是一个挑战，也是我们对原子核的许多认识的来源。

同样的理论也适用于原子和分子，某个微粒发出的光的频率可以与电磁波谱中的可见光的频率相对应。比如绿色的烟花之所以为绿色，是因为它们含有铜，而铜原子光谱中有显著的绿色谱线；当一锅沸腾的盐水溅到煤气灶火焰上时，火焰会呈现黄色，因为盐中含有钠离子。这一属性对天文学家来说格外有用，他们可以利用原子的光谱来确定遥远的恒星和星系中存在哪些元素，还可以确定不同的元素在宇宙中的丰度。

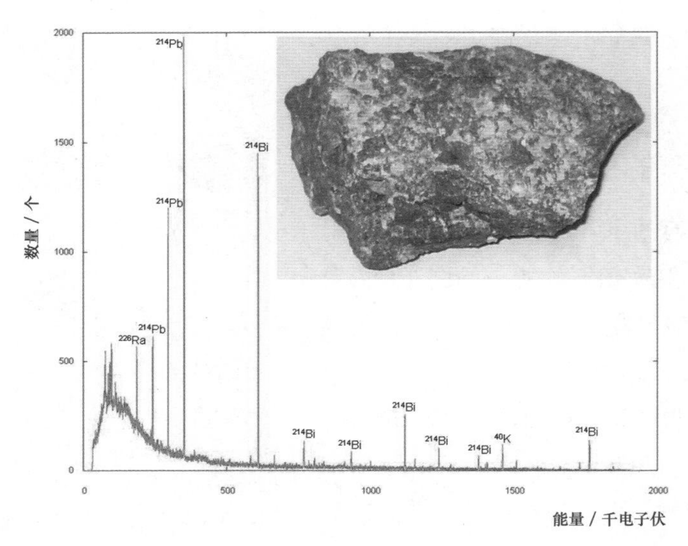

测量 γ 射线

图中是一块铀矿石和它的γ射线光谱（锗探测器的测量结果）。γ射线不是直接来自铀原子核，而是来自铀原子核发生α衰变后的一系列短寿命子核。图中是 ^{226}Ra、^{214}Pb、^{214}Bi 发出的γ射线（Ra是镭元素，Pb是铅元素，Bi是铋元素）。其中能量最高的γ射线来自铋的同位素 ^{214}Bi，而能量最低的γ射线来自 ^{226}Ra。不同γ射线的谱线对应不同的能量，我们可以把这些谱线与可见光不同颜色的谱线进行比较。γ射线的能量级别有电子伏、千电子伏、兆电子伏、吉电子伏（指**能量单位**）。

能量单位

原子与核物理学中习惯使用的能量单位是电子伏，符号为eV。1电子伏指一个电子（e）在被1伏（V）的电压加速后获得的能量。这是一个非常小的单位，我们也会用千电子伏（见第1章的“**聊聊尺寸**”）、兆电子伏和吉电子伏。原子的能态通常以电子伏为单位，但核能通常要原子的能态高出100万倍，所以兆电子伏是核能常用的能量单位。对于像欧洲核子研究中心的大型强子对撞机所产生的高能粒子，以吉电子伏或太电子伏（TeV）为单位会更合适。

在我们的家园里，一些考古学家会研究原子核发出的 γ 射线的光谱数据来确定一件文物的精确产地。

波粒二象性

研究α粒子放射是了解亚原子物质奇怪行为的一扇窗户。我们透过这扇窗户瞥见的东西非常奇怪，在量子物理学诞生一个世纪后的今天，人们对这一切的真正含义仍有很大争议。了解了量子世界里的神秘行为后，我们的一个自然的反应是质问它是否真的可以这样。是的，它可以。现在有无可争议的证据表明，粒子有时可以表现出波的行为；反过来，波有时可以表现出粒子的行为。

在 α 衰变中，α 粒子和光子都表现出了波粒二象性。当原子核发出 α 粒子后，形成的新原子核大概率处于激发态，在这种情况下它会发射“电磁能量包”，即 γ 射线光子，来扔掉多余的能量。作为电磁辐射，γ 射线表现出波的性质，尤其是它能产生干涉图案。它有时也会表现出粒子的行为，每个光子都是一个能量包，一个光子会让盖革计数器发出一声“嗒”，让锗探测器发出一个脉冲，让照相底版上的一个颗粒变黑。

我们已经知道，α 粒子是氦的原子核：氦原子被剥夺电子后留下的非常密集的带电原子核。到目前为止，本书一直专注于讲解 α 粒子的粒子特性。硫化锌屏幕上最终帮助卢瑟福建立原子核模型的每一个微小闪烁点，体现了一个 α 粒子的影响。同样，云室中留下的轨迹也是粒子的表现。然而 α 粒子和光子一样都可以是波。多年来，有许多实验表明高能 α 粒子与其他核子碰撞时，会产生干涉图案。

如果波能在云室中留下轨迹让你深感困惑，那么你不是唯一有此烦恼的人。爱因斯坦在 20 世纪的前 20 年里断断续续地与人争论着一个与光有关的类似问题。他非常清楚电磁波是如何从一个源头发射出来的。

我们来回想一下无线电信号：无线电波从天线向各个方向发出。原子辐射可见光、原子核发射 γ 射线和无线电发射的过程必须是一样的。可是当光子被探测到的时候，人们发现，它们似乎是沿着某个特定的方向到达了某一点。

亨利·格温·杰弗里斯·莫塞莱，1887—1915。（美国物理研究所埃米利奥·塞格雷视觉档案馆，威廉·弗雷德里克·梅格斯收藏）

许多伟大的物理学家都被这个问题困扰。今天，这个过程被解释为波的“坍缩”。**亨利·格温·杰弗里斯·莫塞莱**曾写信表达过自己对这个问题的困惑，这位伟大的物理学家在不到而立之年时于 1915 年在土耳其盖利博卢阵亡，而这时距离现代量子理论出现还有十年。要说清上面的困惑，我们最好引用他的信：

“X 射线的问题越来越有趣了。我们现在似

内维尔·弗朗西斯·莫脱，1905—1996，在驾驶座上。α射线在α衰变中表现为波，而他是最早在云室实验里找到α粒子轨迹的科学家之一。（美国物理研究所埃米利奥·塞格雷视觉档案馆，内维尔·弗朗西斯·莫脱友情提供）

乎有确凿的证据证明X射线是波，它由一个源头发射，以源头为球心，以球状传播出去。当它将要撞击一个原子时，它会从四面八方收集其所有的能量并集中起来撞击这个原子。这就好比水面上的一个环形波遇到一个障碍物时，散开的波会突然全部集中起来，所有的圆圈立刻消失，所有的能量集中起来用于攻击这个障碍物。当然，这从牛顿力学的角度看是荒谬的，但对于X射线的研究，牛顿力学显得束手无策已经有些时日了。”

莫塞莱是对的，就原子和原子核而言，牛顿力学鞭长莫及。1929年，**内维尔·弗朗西斯·莫脱**证明了α粒子“作为波从原子核以球状向四周发射”，并在云室中留下粒子才会留下的轨迹，这与莫塞莱的猜测大体相似。尽管我们现在有数学概率工具来预测α粒子从原子核中发射出来后可能会发生什么，但这些方程的真正含义我们仍然无法理解透彻。现在的大多数物理学家也依然同意，这种粒子和波同时存在的特性仍然和从前一样神秘莫测。

乔治·伽莫夫，1904—1968，他在1928年的工作证明了α粒子具有波的性质。这样一来，他解决了长期以来关于α衰变半衰期的难题。这也是首次量子力学被证明适用于原子核。（美国物理研究所埃米利奥·塞格雷视觉档案馆提供图片）

长久以来，关于α衰变特性一直有一个难题，**乔治·伽莫夫**在1928年和格尼与康登一起进行了一次十分关键的计算，出色地解决了它，正是这项工作最初使物理学家们相信α射线有波的性质。这个难题是对一个已经发现很久的α

衰变规律进行解释：一个特定原子核的 α 衰变半衰期以一种微妙的方式取决于该衰变所释放的能量。这个规律适用于所有已知的几十种原子核的 α 衰变，如果 α 衰变释放的能量稍有增加就能使半衰期缩短为此前的数十亿分之一。伽莫夫用量子理论引入了 α 粒子波的性质来解释这个规律。这个理论涉及量子隧穿这一奇绝的过程，我们将在第 5 章中再次讨论这个问题。量子隧穿还有其他广泛的应用，在解释太阳如何获得能量时它也起着关键作用（见第 9 章）。

在伽莫夫、格尼和康登的证明之前，人们不知道完美适用于原子的新理论量子力学是否也适用于原子核。毕竟原子的大小是原子核的上万倍。而如今，这一疑问早就不复存在了。

第 4 章　测量原子核

确定极小物的形状和大小

原子核的一个基本属性是它的大小，然而原子核的大小不及原子的万分之一，用测量原子的仪器去测量原子核的大小自然会有诸多问题。1911 年，卢瑟福对原子核的大小有了些许了解，因为 α 粒子会被金属箔以意想不到的方式散射开，他发现原子核的大小是包含它们的原子的万分之一左右。大自然给了我们一个美妙的、意想不到的礼物——一种用来了解物质深层秘密的全新方式。

今天，我们在确定原子核的确切体积和形状方面已经走了很远。有关原子核大小的知识已然成为我们了解原子的基石。在获取这些知识的过程中，量子效应的怪异性至关重要。

巨型显微镜

我们之前已经讨论过了，用普通显微镜去观察一个小于一定体积的物体是不可行的。相反，我们可以依靠电子显微镜，利用电子的波的特性来观察像病毒一样微小的物体，甚至是单个原子。也就是说，电子显微镜用物质波代替了光波（见图**“衍射”**）。

正如德布罗意说明的那样，粒子能量越高，因该粒子的运动产生的波，其波长越短，对电子来说当然也是如此。要在显微镜里使用电子波就要给电子足够的能量，使其波长比要研究的物体的尺寸短。而从观察病毒或单个原子到观察原子核是一个巨大的进步，我们已经迈出了这一步。实现这一跨越的先驱者**罗伯特·霍夫施塔特**在 1961 年被授予诺贝尔物理学奖。

罗伯特·霍夫施塔特的想法颇为大胆。他必须这样做，因为根据物理定律，要想产生足以穿透原子核并使人看到其秘密的高能的电子，就需要一台庞大的机器，我们可以称之为“巨型电子显微镜”。而位于美国加利福尼亚州的斯坦福大学和其他机构开发的粒子加速器规模要远远大于巨型电子显微镜。

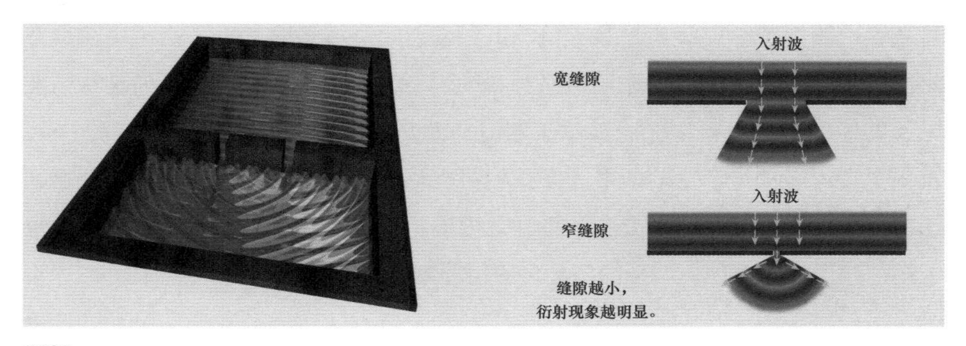

衍射

波在传播时遇到小物体或大障碍物上的孔隙时，会发生衍射，也就是在小物体或大障碍物孔隙的后方散开。从右图中我们看到，当小物体或孔隙的尺寸和波长相差不大时，小物体或孔隙相对波长越小，衍射现象就越明显。要是小物体或孔隙的尺寸比波长小很多，衍射就不会发生了。为了研究原子核，我们需要一种波长很短的波，比电子显微镜有的最短波长短得多。

罗伯特·霍夫施塔特，1915—1990，他率先使用电子来研究原子核及其核子的大小与密度。（诺贝尔基金会版权所有）

通过观察物质波可以了解原子核的大小，要理解这是如何做到的，我们可以想象一下，当海浪冲上防波堤的一个洞时会发生什么。洞越小，海浪在另一侧散开，或者说传播出去的程度就越大。从理论上来说，你可以通过观察波纹的状态来计算出洞的大小。而当连续波峰之间的距离（也就是波长）相对于洞来说太大时，你根本就不会在另一侧看到任何波纹。

类似地，光波在照射到各种小孔时也会产生衍射图案，我们可以通过明暗环的排列方式算出孔的大小。

我们在第 3 章中已经讨论过，电子在通过金属箔时会表现出波的性质，产生一个干涉图案，根据图案可以推断出金属箔中原子的排列方式。20 世纪 50 年代，霍夫施塔特和他的同事建造了一个加速器，相较于乔治·汤姆孙赋予电子的能量，该加速器能赋予电子的能量要高数百倍，比电子显微镜赋予电子的能量要高数千倍。那些发射速度慢得多的电子产生干涉图案（见本章前文的图**“电子干涉图案”**），揭示了金属箔中原子的间距；而这些高能电子的速度太快，根本无法被原子散射，而是撞到了比原子小得多的原子核，发生了衍射。根据产生的衍射图案我们可以推断出原子核的大小。建造大型加速器所需的资金庞大，霍夫施塔特和他的同事一定是抱着异常坚定的信念去申请这一笔资金的，他们诚挚的信念将获得回报。

另一个量子概念

许多常用的词汇在用来形容原子和原子核时，其含义会和用来形容日常物体时的有所不同，比如“体积”这个词。在量子世界中，像原子核这样的物体根本不可能有明确的边缘，而体积通常与物体上一个边缘到对面边缘的距离有关。如果一个物体没有明确的边缘，那么它的大小就不能被明确地定义了。

原子核由质子和中子（也就是核子）组成，它们遵守量子力学定律。根据这些定律，我们根本无法明确一个核子在原子核中的位置，我们只能说它在某一点被发现的可能性有多大。因此，可以说原子核是模糊的。

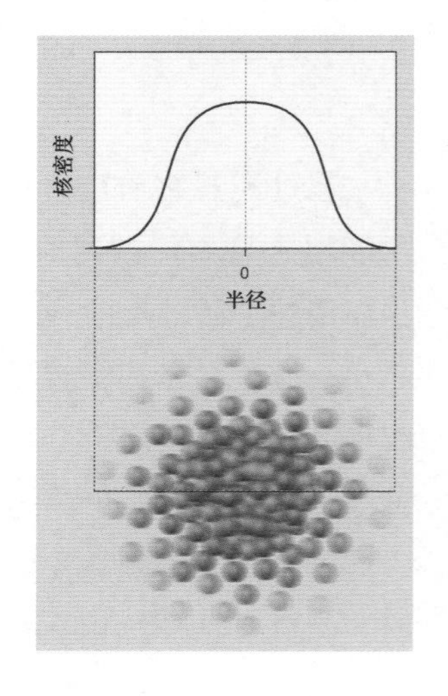

核密度

在原子核的中心，质子和中子是相当密集的。再往外，它们的密度就会下降，但原子核没有一个明确的表面。图上的线表示核密度，也就是在离核中心一定距离的一定空间中有多少核子。

量子力学远不只是具有不确定性这么简单，它能告诉我们在一个特定的地方找到一个核子的可能性有多大。选定原子核中的某个点，用量子力学可以确定核子在该点出现的概率。这个概率不会在离原子核中心一定距离后突然变成零，否则，以这个距离为半径的球面将成为原子核的明确表面。相反，原子核有一个模糊的表面，在这个表面上找到一个核子的概率将逐渐降低。原子核的核密度说明了一个典型原子核的情况，为了清晰地描述，我们把数值稍微夸大了。图**“核密度”**显示了核子的密度在核中心（半径为 0 处）

是最大值，随着距离中心越来越远，密度越来越小，直到为零。图的下半部分显示了质子（红色）和中子（蓝灰色）的密度逐渐变小直到模糊的表面出现。

测量模糊的原子核

如何测量这种模糊的表面？质子带正电荷，因此一个质子在原子核内某一点出现的可能性越大，该点的带电量就越多。由此推论可知，原子核所带的正电荷在原子核表面的分布也一定是模糊的。电子带负电，一个高速移动的电子穿过原子核时会被正电荷偏转，而偏转的程度取决于该原子核电荷的分布。利用这个现象，我们可以用电子束来测量原子核。电子感知不到原子核中的中子并不重要，只要假定中子和质子以同样的方式分布就可以了，这对大多数原子来说已经是一个很接近事实的模型了。

由于电子可以表现出波的性质，电子束撞击原子核时会产生衍射图案。电子只会作为粒子被检测到，衍射图案的出现可以解释为在某些角度上检测到的电子数量较多，另一些角度上检测到的电子数量较少。水波遇到符合衍射条件的物体或屏障孔隙能产生相当清晰的衍射图案，但电子遇到原子核后散射出来的电子波形成的衍射图案就不那么清晰。因为小物体和屏障孔隙有明确的边缘，水波要么能衍射，要么不能衍射，但原子核的边缘是模糊的，这就导致电子波产生的衍射图案清晰度是渐变的。电子波衍射图案的细节反映了原子核中的电荷是如何分布的，由此我们可以确定原子核的模糊程度。图**“用电子波测量原子核”**描绘了如何通过计算在特定角度检测到的电子数量来测算衍射图案，图**“电子衍射图案”**是一些电子衍射图案的例子。

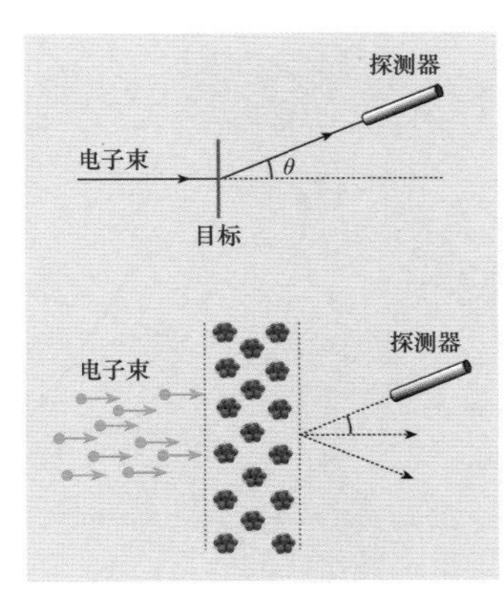

用电子波测量原子核

霍夫施塔特和他的同事准备了一张非常薄的箔片，向它发射电子束，用一个探测器阵列计算散射到各个方向的电子，从而推算这种元素的原子核属性。

原子核的体积

为了了解原子核的体积，我们必须定义“体积”一词在描述这种表面边缘模糊的物体时到

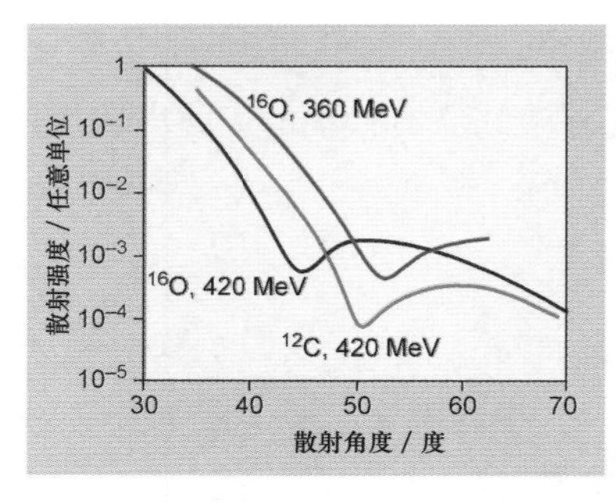

电子衍射图案

在波的多缝衍射图案上我们能看到，不同角度的干涉波振幅大小会有所不同，以此我们可以推算出障碍物或孔隙的大小。由于电子波被原子核衍射，通过检测每个角度发现的电子数量也可以推测出原子核的大小。入射电子的能量一般以兆电子伏（MeV）为单位，比如 360 兆电子伏就是一个电子被 3.6 亿伏的电压加速后具有的能量。

底是什么含义。分析电子波的衍射图案我们发现，比较重的原子核即使表面模糊，在中心区域上方也有一个相对恒定的密度区域。这一规律广泛适用于大多数原子核，如此一来，不管原子核的表面如何模糊，原子核的半径也可以被定义。原子核的半径指从原子核中心到其密度衰减为中心密度的一半处的距离。图**“用电子波得到的测量结果”**所示是一些原子核的密度，是通过电子波的衍射图测算出的。

不算模糊表面，所有原子核的密度大致相同，因为原子核的体积取决于它所包含的核子数量。比如，原子核 A 的半径是原子核 B 的 2 倍，那么原子核 A 包含的质子和中子数量是原子核 B 的 8 倍（2×2×2），这就好比用日常那些不能压缩的材料做成的球。假设两个实心固体球是由相同的不可压缩材料制成的，一个球的半径是另一个球的 2 倍，那么第一个球的质量将是第二个球的 8 倍。实心球的体积与它半径的立方成正比，同种材料制成的实心球质量也和它半径的立方成正比，这一点在图**“核子数量与原子核的大小关系”**中有解释。由于原子核的体积遵循这一规律，我们可以说所有核子都是由密度相同且不可压缩的材料制成的。

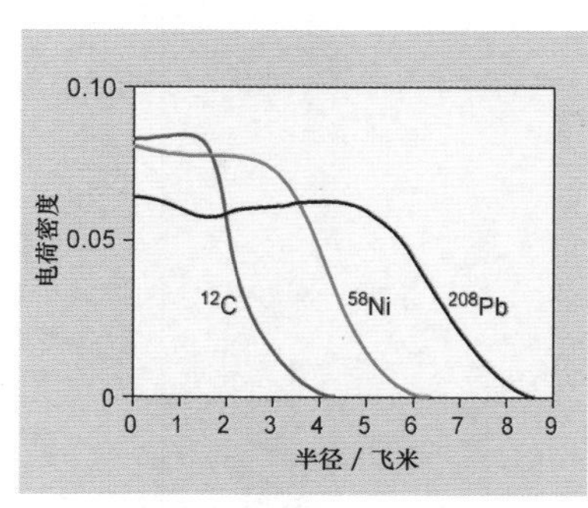

用电子波得到的测量结果

这些线描绘了原子核的密度从原子核中心到原子核边缘的变化情况。有 58 个核子的镍（Ni）原子核显然比只有 12 个核子的碳（C）原子核大，而有 208 个核子的铅（Pb）原子核是其中最大的。

不可思议的是，原子与原子核的行为模式是完全相反的：大致来说，不同质量的原子都有相同的大小，但密度不同；相反，

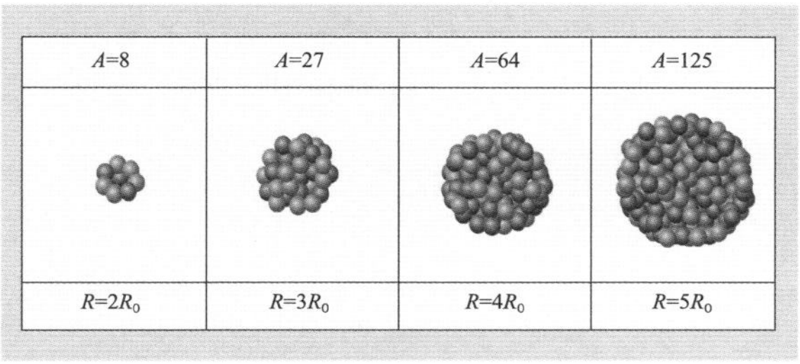

A=8	A=27	A=64	A=125
$R=2R_0$	$R=3R_0$	$R=4R_0$	$R=5R_0$

核子数量与原子核的大小关系

原子核的半径怎么取决于核子的数量呢？大多数原子核密度不相上下，所以它们的体积与核子的数量成正比。因此，半径的立方也与核子的数量成正比了，正如我们在这里看到的一样。

不同质量的原子核有相同的密度，但大小不同。这两个规律也都有例外：比如钠之类的碱金属原子体积较大，而氯之类的卤素原子体积较小。没有两个原子有着相同的密度，这件事至关重要，假设镁原子和铅原子具有相同的密度，那么等量的镁和铅也会有相同的密度。而我们知道这与事实不符——镁做的鱼坠不能用于钓鱼，而铅质的轮子绝不适用于跑车！

然而原子核遵循的规律恰恰相反。钚原子核拥有 244 个核子，其半径大约是镍原子核的 2 倍，而恰好镍原子核里的核子数量大约是钚原子核的 1/4。这是因为这两种原子核有相似的密度，该密度和几乎所有的原子核的都相同。近年，“晕核”这一叹为观止的发现引起了轰动，它打破了原子核密度相近的规律。关于这一发现的讨论会在本章的后面介绍。与日常事物相比，原子核的密度是非常大的。用纯核物质做一个足球大小的实心球，它的质量将与珠穆朗玛峰相当。

用激光测量原子核

为了用电子测量原子核，首先要做一个含有待测原子核的靶子，但并不是所有的原子核都稳定地可以在靶子中待很久一直到实验结束。我们有必要研究短寿命原子核，也许它们的特性与稳定原子核大不相同，如果只研究稳定原子核，我们就会对原子核的体积产生片面的认识。因此，我们需要用一些其他方法来测量原子核。

有一种方法可以测量短寿命原子核。尽管电子分布在比原子核大得多的空间里，它们也有可能在原子核里出现。原子发出的光的波长会因此发生变化，而变化的方式取决于原子核的大小。这种变化是微乎其微的，但激光测量波长的精度能达到令人难以置信的极致，这个精度足以用来测量微小的变化。利用原子核不同体积带来的微小波长变化，加上能极为精确地测量波长的激光，我们就有了一种测量原子核大小的可行方法。

这种测量原子核的方法被称为“同位素移位法”，比如**在线同位素分离器**这样的仪器就可以采用这种方法。叫这个名字是因为这种方法利用了同一种元素不同的同位素原子核发出的光的波长不同这一原理。同一元素不同的电中性同位素原子具有相同数量的电子（和质子），它们的电子将以几乎完全相同的方式分布在原子内。同位素之间的不同之处在于原子核所含的中子数不同，这会影响到原子核的大小。于是呈概率分布的电子与原子核重叠的部分就会各不相同，由电子发出的光的波长就会有非常微小的差别。

根据同种元素的不同同位素原子发出的光的波长差异可以确定原子核的大小。只要能够确定一种元素的一个稳定同位素原子核的大小，比如用霍夫施塔特的散射电子法，那么该元素的所有其他同位素的原子核大小就可以推算了。

在线同位素分离器

为了研究那些寿命不到千分之一秒的原子核的特性，我们有必要进行一些“在线同步”实验，在一台仪器中同时创造和研究一个原子核。图中就是欧洲核子研究中心的在线同位素分离器，欧洲核子研究中心是做这类实验的先锋。在这张图片中你可以看到激光束，放射性离子在真空中被引向实验站。在在线同位素分离器中，一束极高能的质子会被砸向一个特殊的目标原子核，于是目标原子核被砸得粉碎，许多奇异而不稳定的原子核从中出现，我们通过激光束把它们提取出来，在它们非常短暂的生命里研究它们。（欧洲核子研究中心）

原子核的形状

把原子核假设成一个小球是很自然的。在 20 世纪 30 年代，早在激光发明之前，简略的同位素位移法就已经被用于测量一个稀有元素钐（Sm）不同的同位素了。测量发现较重的钐同位素原子核看起来比预期的要大。我们现在知道了，这是因为 ^{150}Sm 和 ^{152}Sm 一个是近球形，另一个是非球形，^{152}Sm 的两个额外的中子改变了原子核的形状，原子核看起来就更大了。至今我们已经发现相当多的原子核是非球形的，这样的原子核我们会说它是变形核。

我们可以观察到非球形核在空间里的旋转，这是我们知道原子核有各种形状的主要证据。这就不得不提另一个相当奇怪的量子效应了：一个遵守量子力学规律的物体，比如原子核，如果它是完美的球形，那么我们没有任何办法区分它在空间里的不同转向，因此我们不能判断球形的原子核是不是在旋转。

有些原子核是可以旋转的，一个原子核变形越大，就越容易旋转。旋转是原子核获得能量的另一种方式，这些获得的额外能量可以通过放射 γ 射线丢弃，从而减慢旋转的速度。原子核的变形越大，旋转的原子核放射出 γ 射线来减速的速度就越快。由此我们找到了一种测量原子核变形程度的方法。我们可以测量当其他核子击中一个原子核时，这个原子核被旋转的难易程度，或者测量一个正在旋转的原子核放射出 γ 射线来减速的速度以确定原子核的变形程度。拓宽我们对变形核的理解的主要贡献者是**本 · 莫特森**。

本 · 莫特森，1926—2022，物理学家，在美国出生，居于丹麦。他与詹姆斯 · 雷恩沃特（1917—1986）和尼尔斯 · 玻尔的儿子奥格 · 玻尔（1922—2009）一起研究原子核的振动与旋转，于 1975 年获得了诺贝尔奖。（诺贝尔基金会版权所有）

原子核有两种基本形状（见图**“变形核”**），球形和长椭球形（像橄榄球）。一个重要的例外是碳原子核，它是扁椭球形（被压扁的球）的。长椭形原子核围绕其长轴几乎对称，扁椭球形原子核围绕其短轴近乎对称。

量子力学还有一个关于变形核的“小把戏”。质子或中子能静止在原子核内某个固定点，一个变形的原子核不可能以其长轴固定地指向某个特定方向，动静都要遵循海森伯的不确定性原理，因此我们说原子核的长轴指向各个方向的概率相同。换言之，它同时指向所有的方向！

对一个含有长椭球形原子核的原子做同位素位移实验，我们用电子会测量到一个比平常测量的更模糊的原子核。和质量相同的球形原子核相比，长椭形原子核的长轴尖端离原子核中心更远，而用电子测量出的形状又是球形，于是它被错误地认为体积更大。所以长椭球形的原子核表面比球形原子核的更分散，从而引起原子核发出光的光谱变化。图**“汞同位素”**是一个有趣的例子：在线同位素分离器的测量结果显示，那些比较轻的汞同位素原子核体积改变得非常突然。

现代实验找到了更多变形核的形状，而不只是长椭球形和扁椭球形。铀和钚的同位素具有超变形原子核，这对核裂变过程来说很重要。

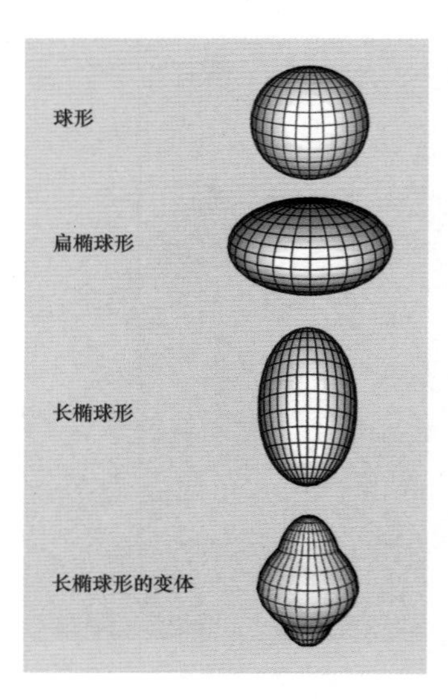

变形核

并非所有的原子核都是球形。一些原子核是扁椭球形（被压扁的球）的，还有大量原子核是长椭球形（像橄榄球）的。我们可以测量出复杂的形状，图中最下方是一个长椭球形的变体。为了让它们的区别看上去更明显，我们夸大了这些原子核的形状。

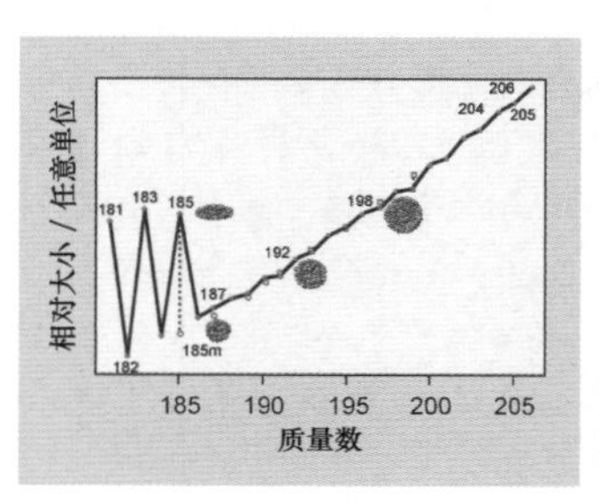

汞同位素

随着汞（Hg）同位素原子核的质量逐渐减小，它的半径也稳步减小。但是质量数为186、184和182的原子核因为一个中子的减少产生了体积上的突变。这些原子核异常大的体积说明它们不是球形的。这些测量结果是在线同位素分离器的“战果”。与本身的基态不同，同位素 ^{185}Hg的一个激发态有正常的体积。

还有一些核子可以同时以不同的形状存在，见图**“有 3 种形状的原子核”**。

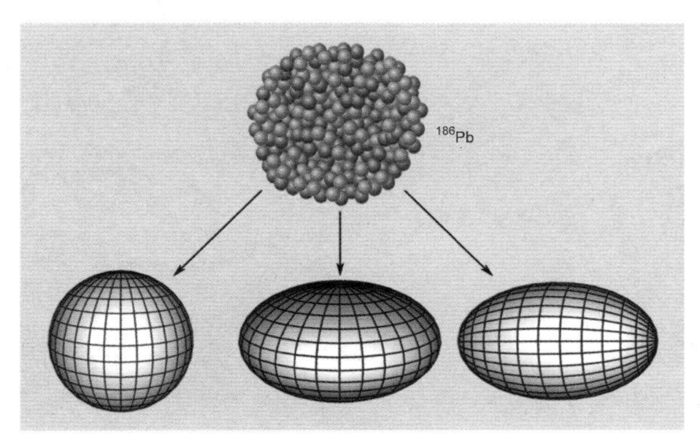

有 3 种形状的原子核

钋同位素 ^{190}Po 发生 α 衰变时会变成铅同位素 ^{186}Pb。这种原子核有 3 种不同的形状：球形（左）、扁椭球形（中）和长椭球形（右）。它们具有的能量基本相同。

超变形原子核

大多数长椭球形的原子核只是微变形，可在 20 世纪 80 年代中期，英国达斯伯里实验室的物理学家发现了一个不寻常的情况：超变形。有一些原子核的长度是它自身宽度的 2 倍。

当原子核旋转时，它会被拉长一些。这和你坐在一辆正在急转弯的车里的感觉一样。通常来说原子核很难被拉伸，但是达斯伯里实验室的物理学家发现，一些原子核在旋转速度快到一定程度时会变成一个全新的形状，就好像有什么东西突然出现去拉伸了它一样，这样的原子核就是超变形原子核。当它们放慢旋转速度时会发射大量的 γ 射线来恢复到平时的变形形状甚至是球形。

极致精密的 γ 射线探测器阵列让发现超变形成为可能。首先我们用粒子加速器把一束核子加速到高能状态，用它去轰击目标原子核，让目标原子核进入高能激发态产生超变形。每个在高能激发态的原子核会发射出一连串的 γ 射线，直到其变为能量最低的基态。根据这些 γ 射线的能量大小我们可以推断出原子核的变形，但是我们必须测量来自一个原子核的所有 γ 射线。要做到这一点，原子核必须被 γ 射线探测器包围，所有的探测器都与复杂的电子仪器和计算机相连。图**“超变形：收集 γ 射线”**的图里是半个这样精密的 γ 射线探测器阵列。图**“γ 射线探测器的排列”**的图里是几个 γ 射线探测器（完整阵列的一部分）向内指着发射 γ 射线的原子核。

超变形：收集 γ 射线

这里是一个 γ 射线探测器阵列的一半，和另一半类似的阵列组合在一起就是一个探测器球壳，完全包裹着待研究的原子核。这个阵列被称为 γ 球，位于美国的阿尔贡国家实验室。来自加速器的高能核子束会撞击阵列中心，待研究的原子核会在阵列中心生成，存留非常短暂的时间后消失。事实上，这个 γ 射线探测器阵列是 20 世纪 80 年代那些最初发现超变形原子核的阵列的改进版，它们的原理是相同的，用这种探测器我们已经发现了许多与原子核有关的新现象。

γ 射线探测器的排列

这张图显示了 γ 射线探测器在高级 γ 射线跟踪阵列里的排列方式。朝内指的每个灰色模块都有一些纯度极高的锗晶体。后侧的圆柱体部分则含有液氮，因为锗晶体必须处在非常低的温度下才能抑制噪声干扰。这张图没有显示把大量数据输送到计算机所需的大量电缆。

晕核打破了规则

大多数原子核有基本相同的密度，但也有例外。一个特殊的原子核氘原子核已经被研究了很长时间。氘原子核仅由一个质子和一个中子组成，维持二者结合的作用力非常弱。这个微弱的作用力导致质子和中子有很大概率会相距很远，这意味着氘原子核会在空间中散布开，它的大小看上去会和一个非常重的原子核差不多大。这是我们遇见的另一个量子世界的奇怪之处：质子和中子有时会处于使它们结合在一起的作用力的控制范围之外，可它们仍能被束缚在一起，除非氘原子核被高能 γ 射线之类的东西击中。

在氘原子核的基础上加一个中子，氘原子核就会变成氚原子核，它是一种更重的氢同位素。这个额外的中子拉近了质子和中子，所以氚原子核比氘原子核小。在氚原子核的基础上加一个质子，氚原子核就会变成一个结合紧密的氦原子核，也就是一个 α 粒子。α 粒子中的两个质子和两个中子结合得足够紧密了，基本具有一个正常原子核的密度，大多数比 α 粒子重的原子核的密度基本上和 α 粒子的密度相同。一般来说，再增加质子或中子并不会影响原子核密度，不过凡事也总有例外。

近年来我们发现了一类引人注目的新原子核：晕核。其中最著名的是一种锂同位素 ^{11}Li，它有 3 个质子和 8 个中子，原子核中最后多了 2 个中子。维持这 2 个中子在原子核里的作用力非常弱，它们分布的位置远远超出其他 9 个核子的分布范围。于是这个原子核的体积看上去与拥有超过 200 个核子的铅原子核一般大，见图 **“晕核”**。在图的右下方我们能看到随着锂原子核里的中子数从 6 个增加到 8 个（从 ^{9}Li 到 ^{11}Li），锂同位素的平均半径有一个跳跃式的增长。我们也从图里看到锂同位素 ^{11}Li 和有 208 个核子的铅同位素 ^{208}Pb 并不一样，简单地说它们一样大并不准确。^{11}Li 中所有粒子的平均半径大约为 3.5 飞米，但最后 2 个中子距离原子核中心约 6 飞米。如此一来，^{11}Li 原子核才会和一个有着 208 个核子的铅原子核差不多大。顺便一提，最后 2 个中子并不是在半径为 6 飞米的环中。我们已经知道奇怪的量子力学定律不允许一个中子的位置是确定的，这张图只能说明我们有一定的概率可以在离原子核中心 6 飞米的地方找到一个中子，这对一个质子来说是不可思议的，因为让原子核结合在一起的作用力控制范围有限，距离原子核中心 6 飞米很可能意味着这些中子会在作用力的控制范围之外，而原子核还没有破裂。

20 世纪 80 年代中期，晕核的发现让核物理学家们为之振奋。这些原子核有丰富的现象可以研究，这让人们对原子核的理解深入了不少。晕核还给制造新粒子加速器的人们带来灵感，促进了新粒子探测器的发展，可以说，是晕核极短暂的存在推动了这些技术的发展。在所有已经被发现的不可思议的原子核中，有一种有 6 个中子的氦同位素 ^{8}He（普通氦是 ^{4}He）和一种有着 16 个中子的碳同位素 ^{22}C。一个 ^{22}C 原子核的寿命只有几毫秒（普通稳定碳是 ^{12}C，用于测定年份的放射性碳是 ^{14}C）。这些奇特的晕核也激励了研究原子和分子的科学家们在他们自己的研究领域里寻找晕核。

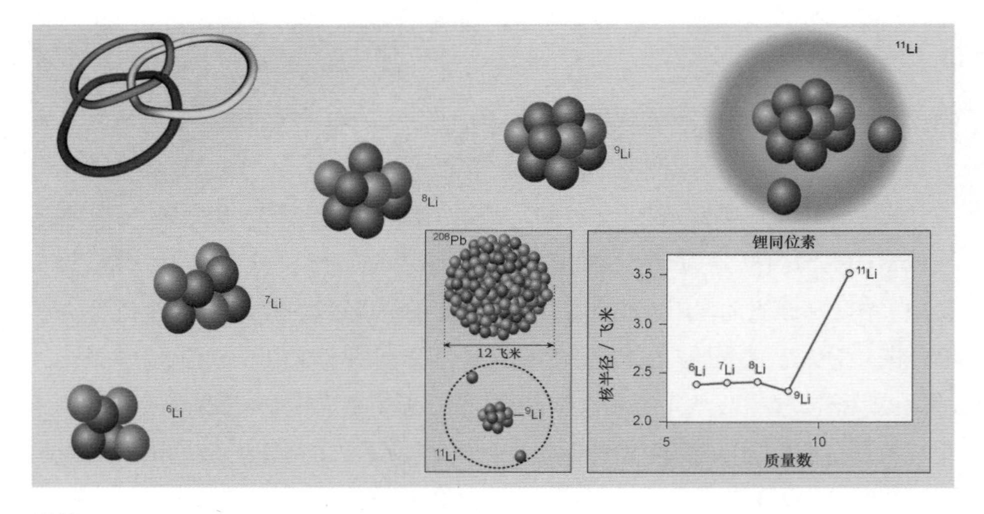

晕核

有 3 个质子与 6 个中子的锂同位素的原子核体积和有 9 个核子的其他原子核应有的体积相同。有 7 个中子的锂原子核不存在，但有一种有 8 个中子的锂原子核，它的体积和铅原子核的体积一样。它的表面非常脆弱，在很大的空间内只有 2 个孤立的中子，见图右上方。现在我们已经发现了好几个这样的晕核，它们给实验物理学家和理论物理学家带来了巨大的挑战，他们正试图理解晕核的许多奇怪的特性。左上角的博罗梅安环很有趣，切断其中 1 个环这 3 个环就会互相分离。^{9}Li 原子核和 2 个外围中子（它们一起组成了 ^{11}Li 晕核）的关系就是如此。^{10}Li 是不存在的，只含有 2 个中子的锂原子核也不存在。

第 5 章　奇怪的核物质

原子核里的东西

目前我们知道了：一个原子核里有 Z 个质子和 N 个中子，每个质子带一个单位的正电荷，而中子不带电且比质子质量稍大。一直以来我们都认为原子核里只有质子和中子。而至今为止，量子力学给我们带来的惊喜已经够多了，原子核肯定也不会像它看起来那么简单。

当原子核分崩离析时

显然直接观察原子核放射出的粒子可以直观地了解原子核是由什么构成的——不管是自发放射出还是被激发放射出都可以。比如放射性的原子核可以自发放射出粒子，并变成另一种元素的原子核；而稳定的原子核需要激发才能放射出粒子。只要给原子核注入能量，比如用另一个原子核足够用力地撞击，任何一个原子核都可以被分解。我们可以在实验室中用加速器产生一个高能粒子去撞击一个原子核；在恒星上，粒子碰撞也是会自然发生的。当两个原子核碰撞到一起并产生新的原子核或其他粒子时，就会发生核反应，科学家在实验室里利用加速器对此进行了大量研究。

甚至在恒星诞生之前，核反应就已经很重要。在宇宙大爆炸后的几分钟里，所有的核物质都以最轻的原子核状态出现。当时的宇宙是一个极其炎热和拥挤的地方，原子核在形成的同时也在以同一速度被分解。几乎是一瞬间，宇宙极速膨胀并冷却到原子核不会一出现就分解的程度。这些幸存的原子核形成了原始物质（主要是氢、氦和一点锂），最终凝聚成恒星。

放射性与原子核的构成

卢瑟福第一次注意到放射性涉及两种粒子的时候，他根本没有想到原子的

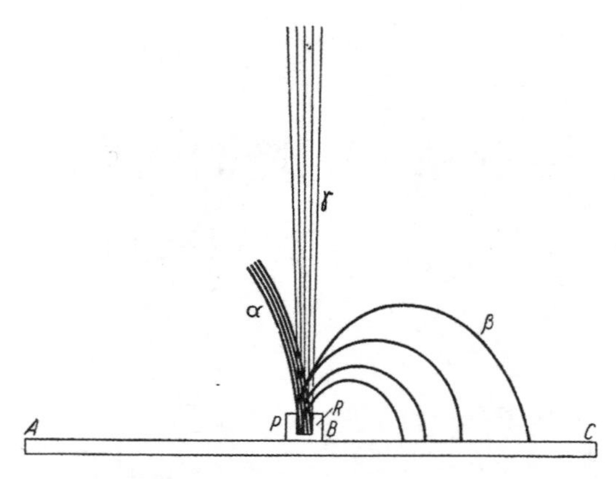

弯曲辐射路径

这是居里夫人论文中的一张图，在图中我们能看到α射线不怎么受磁场影响，β射线的弯曲程度却很大，γ射线则完全不弯曲。（居里与约里奥-居里档案馆）

大部分质量会集中在一个紧凑的原子核中。很快β射线就被确认是汤姆孙刚发现的电子，因为β射线和电子一样很容易被磁场弯曲，连弯曲的路径都一模一样，见图**“弯曲辐射路径”**。β射线的穿透性比α射线更强。确定α粒子是氦原子核花的时间较长，这最终由卢瑟福和罗伊兹在1908年确定，见图**“α粒子的性质”**。

从原子放射出的物质来看，原子可能是由α粒子和电子组成的，但这对氢原子来说毫不合理，因为氢原子的质量比α粒子小得多。为了解释这个问题，一个非常古老的想法被重新提起：所有的原子都由一个个氢原子组合而成。这个想法于1815年由威廉·蒲劳脱提出，被称为蒲劳脱假说。百年以后，它没有被应用于原子，反而被应用于原子核。有科学家预测所有原子核是由一个个氢原子核（质子）组成的。

然而这个预测不可能完全正确，比如一个氮原子核的质量与14个质子的总质量相当，电荷量却只有7个质子的总电荷量那么大。20世纪20年代的教科书对此有一个简单的解释：氮原子核有14个质子，也有7个电子，这

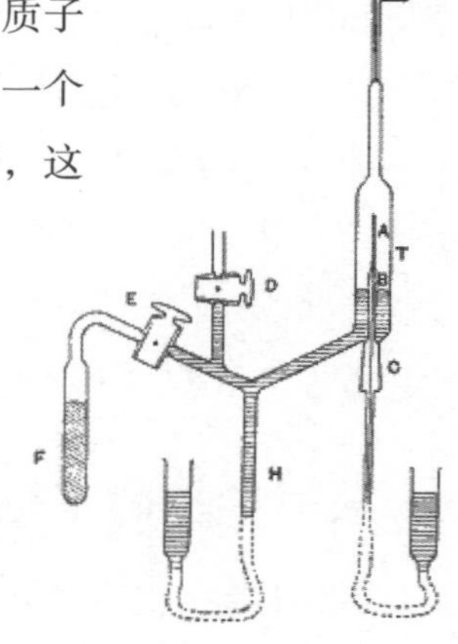

α粒子的性质

图中是卢瑟福和罗伊兹在1908年用来证明α粒子是氦离子（用现代术语来说是氦原子核）的仪器。α粒子穿过一个薄薄的颈口到一个真空室。当真空室放电时，用光谱仪分析原子核发出的光，从而确定氦原子核的存在。

7 个电子用来平衡一半质子的电荷量。在当时的人们看来，原子核里肯定有电子，原子核里的电子在进行 β 衰变时会从原子核里被放射出来。

根据质子 – 电子模型，α 粒子由 2 个质子和 2 个中子组成。许多原子核发生衰变时会将这个特殊的组合当作一个完整的粒子从原子核中放射出来，这个组合一定有其特殊之处。另一个特征也证明 α 粒子在某种程度上是特殊的：许多轻元素的最常见同位素是由一个个 α 粒子构成的，叫“类 α 核”。比如根据当时的知识，最常见的碳同位素是 ^{12}C，它是由 3 个 α 粒子组成的，它含有的电荷量与质量和 3 个 α 粒子的相当；^{13}C 非常稀有，^{14}C 则不稳定。从图 **“类 α 核”** 的图里我们可以看到，从碳元素到钙元素，原子序数 Z 为偶数的元素里，除了氩元素以外，大部分都是类 α 核。由此可见，α 粒子在某种程度上来说应该是特殊的，也确实有些原子核含有 α 粒子，不过不那么直接，我们在本章末尾会讲到。

原子核里到底有没有电子？

与 α 粒子一样，电子似乎也是从原子核中发射出来的。与 α 粒子不同的是，关于它们是否存在于原子核有一个非常明确的答案：它们不存在，也不能存在。

^{12}C	^{16}O	^{20}Ne	^{24}Mg	^{28}Si	^{32}S	^{36}Ar	^{40}Ca
3α	4α	5α	6α	7α	8α	9α	10α
98.9%	99.8%	90.5%	79.0%	92.2%	95.0%	<1%	96.9%

类 α 核

原子核内部有 α 粒子吗？到目前为止，从碳元素到硫元素，原子序数 Z 为偶数的元素的原子核所含有的质子和中子数相当于多个 α 粒子，比如 ^{12}C 的原子核相当于 3 个 α 粒子，^{16}O 的原子核相当于 4 个 α 粒子，^{20}Ne 的原子核相当于 5 个 α 粒子，以此类推。氩（Ar）原子核的情况则不然，^{36}Ar 的丰度不到 1%。能谷（我们将会在第 6 章中讨论）和质子与中子配对趋势这两个概念能很好地解释这些规律。在发现中子之前，人们很自然地认为原子核是由质子、电子和 α 粒子组成的。上表中最后一行是该元素的天然同位素中类 α 核的百分比。例如，92.2% 的硅原子核含有的质子和中子数相当于 7 个 α 粒子。

一来，我们可以根据海森伯不确定性原理知道原子核里不会有电子。人们在应用这个原理时，错误地认为它指的是微观层面上的一切都不确定。但实际上它指的是，我们越是努力定位一个量子级的粒子，比如电子，也就是说我们努力把电子确定在越小的空间区域，源于动量的不确定性，电子运动的波动就会越大，因此如果电子被限制在狭小的原子核中，它会因为运动过于剧烈而无法在那里长时间停留。而质子的质量是电子的近 2 000 倍，它可以很容易地被限制在原子核那么大的空间内，因为它的运动速度比电子慢得多，所以它动量的不确定性小得多。

二来，氮气电离时发出的光也能说明原子核里没有电子。根据量子理论，氮气发出光的光谱细节清楚地说明了氮原子核具有偶数个粒子，可如果这个原子核是由质子和电子组成的，那粒子总数就将是一个奇数：14 个质子加 7 个电子。

1932 年，**詹姆斯·查德威克**发现了中子。它是一种中性粒子，一个中子的质量与一个质子的质量相当。中子的发现很好地解答了上述问题。海森伯随后提出了原子核是由质子和中子组成的，这和实际相符。根据海森伯的观点，氮原子核由 7 个质子和 7 个中子组成，总共有偶数个粒子。查德威克的发现标志着现代核物理学的开端。

詹姆斯·查德威克，1891—1974。他在 1932 年发现中子是核物理学的一个转折点。查德威克很清楚，卢瑟福在 1920 年就预测了中子的存在。1935 年，查德威克获得了诺贝尔物理学奖。（美国物理研究所埃米利奥·塞格雷视觉档案馆提供图片）

现在还有一个问题需要解答：如果原子核是由质子和中子组成的，那么 β 衰变的电子从何而来？针对 β 衰变放出的电子，还有另一个问题，这是留给 20 世纪物理学家最大的问题，是驱使着物理学家披荆斩棘试图解答的问题。

缺少的粒子

β 衰变发射出的电子似乎打破了能量守恒定律。发射电子前原子核有一个确定的能量值，衰变后产生的原子核也有一个确定的能量值，而发射出的电子具有的能量总是小于这两个能量值的差。能量的缺失好像能证明在 β 衰变中能量并不守恒。然而，能量守恒定律是“物理学的基石”，很少有物理学家会怀疑有例外发生。尽管如此，尼尔斯·玻尔还是这样猜测了，结果证明他确实错了。

沃尔夫冈·泡利在 1930 年提出了另一个猜测：在 β 衰变时，有一个几乎无法探测的粒子与电子同时被发射出来。这个几乎无法探测的粒子后来被称为中微子，意思是中性的微小粒子，它和电子随机地各分一份能量，两个粒子的总能量等于母核与子核之间的能量差。这样一来，能量守恒定律就没有被打破。

泡利的想法是激进的，但是它成了杰出的意大利物理学家**恩里科·费米**在 1934 年提出的 β 衰变的定量理论的一个关键部分。多年来，费米的理论被扩展了许多，并被纳入更多的现代模型，它成功地解释了许多与 β 衰变有关的现象。这个理论说，当一个原子核拥有的中子

恩里科·费米（又译作恩里科·费密），1901—1954，因其在理论物理和实验物理学上的杰出表现而在 20 世纪的物理学家里独树一帜。（美国物理研究所埃米利奥·塞格雷视觉档案馆提供图片）

沃尔夫冈·泡利，1900—1958，与尼尔斯·玻尔在一起。泡利对量子物理学有着诸多贡献，其中之一与电子等基本粒子的自旋有关。研究陀螺这样大得多的物体的自旋显然也很有意思。（美国物理研究所埃米利奥·塞格雷视觉档案馆提供图片）

数超过了一定的数量，中子会变成一个质子，同时产生一个电子和一个中微子，严格地说应该是反中微子，即中微子的反粒子。我们在接下来的内容中会讨论反粒子。其实“中微子”这个词经常被宽泛地拿来指代反中微子和（真正的）中微子。

对于中微子的检测，人们几乎无从下手。每秒有超过 1.5 亿个中微子穿过你身体 1 平方厘米的表面，即使是地球这么大体积的物体也很少能阻止一个中微子穿过。因此直到 1956 年，莱因斯和考恩才正式探测到中微子也就不足叹息了。1956 年距离泡利的猜测（1930 年）和费米的理论（1934 年）的提出已经过了很长时间，莱因斯和考恩的工作证明了泡利和费米的观点是对的。今天，中微子在天文学、宇宙学和核物理学中发挥着重要作用。

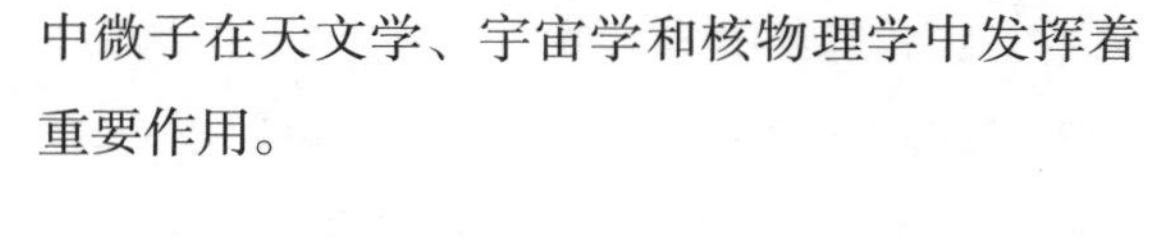

保罗·阿德里安·莫里斯·狄拉克，1902—1984，图左，右侧是理查德·费曼，1918—1988。这是一本杂志的封面。狄拉克是第一个成功结合量子力学与狭义相对论的人。他预测了正电子的存在。为了进行涉及电子、正电子和光的复杂计算，费曼设计了一种把复杂计算形象化的图，被称为费曼图。（美国物理研究所埃米利奥·塞格雷视觉档案馆提供图片）

反粒子

费米的理论是 20 世纪物理学中最具革命性的理论之一，他的理论说明了世界上的基本粒子（现在已不提倡“基本粒子”的说法）的数量并不固定。电子不是在 β 衰变时从原子核中发射出来的，而是和中微子一起被创造出来的。粒子可以被创造这一想法结合了量子力学与爱因斯坦的狭义相对论，这是**保罗·阿德里安·莫里斯·狄拉克**的智举。

将狭义相对论与量子力学结合后还产生了一个新的预测：世界上存在反粒子。狄拉克的理论预言每一种粒子都有一种相应的反粒子，其质量与粒子的质量相同，所带电荷与粒子的相反，中子也有反粒子。电子的反粒子被称为正电子，由**卡尔·戴维·安德森**在 1932 年发现，他凭借这一发现获得了 1936 年的诺贝尔物理学奖（见图**“正电子的发现”**）。直到 1955 年，加速器才能提供足够的能量来产生反质子。这是由美国加利福尼亚大学伯克利分校的**欧文·张伯伦**和埃米利奥·塞格雷实现的，他们凭借这一工作于 1959 年获得了诺贝尔物理学奖。具有不止一个核子的原子核也有反粒子，反氘原子核于 1965 年被发现，而反 α 粒子一直到 2011 年才通过位于美国纽约附近的相对论性重离子对撞机被发现。

卡尔·戴维·安德森，
1905—1991，正电子的发现人。（美国物理研究所埃米利奥·塞格雷视觉档案馆提供图片）

当一个粒子遇到它的反粒子时二者会发生湮灭，并以辐射的形式释放出纯能量。所释放的能量大小正如爱因斯坦提出的著名方程 $E=mc^2$ 所测算的那样。当一个电子和一个正电子湮灭时所释放的能量 E 等于它们的质量 m 乘光速 c 的二次方。湮灭的过程是可逆的，当一个高能光子——也许来自宇宙线（也称宇宙射线）——撞到一个核子时，核子很容易消失，它的能量会分成两份，变成两个粒子（即正负）电子对重新出现。

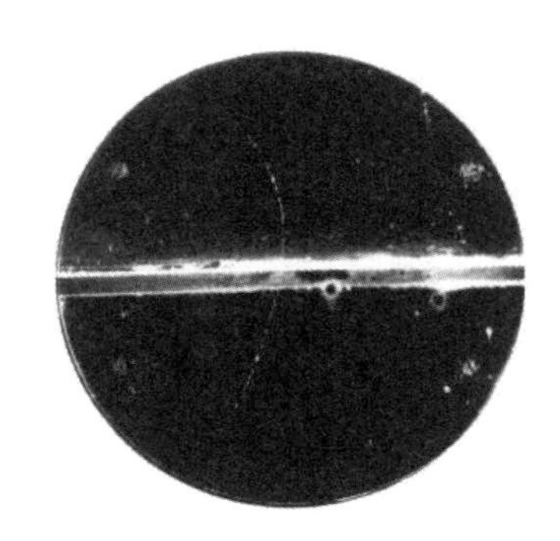

正电子的发现

图中是正电子，即电子的反粒子存在的第一个证据。一个粒子在云室里留下的轨迹十分奇特，从它在磁场中弯曲的方向看它既不可能是电子，也不可能是质子。安德森这一史无前例的发现引起了巨大争议，争议持续了一年，直到正电子被证实存在才停息。（图片由卡尔·戴维·安德森友情提供）

一开始，我们发现 β 衰变会发生在含有过多中子的原子核上，通过把一个中子转化为一个质子、一个电子和一个反中微子来调节原子核里中子过多的不平衡状态。当原子核处于质子过多的不平衡状态时，则会以相反的方式进行衰变：一个质子会转化为一个中子、一个正电子和一个中微子。这种 β 衰变由伊雷娜·约里奥－居里（居里夫人的女儿）和弗雷德里克·约里奥－居里在 1934 年首次发现，如今这一发现在现代医学中至关重要，特别是在正电子发射断层成像中。正电子发射断层成像是很常用的

欧文·张伯伦，1920—2006，和埃米利奥·塞格雷在1955年发现了质子带负电荷的反粒子——反质子。（诺贝尔基金会版权所有）

诊查技术，对诊断脑部疾病尤为重要。

我们已经讨论过β衰变的两种形式：一个中子变成一个质子，同时发射出一个电子与一个反中微子；一个质子变成一个中子，同时发射一个正电子和一个中微子。第二种β衰变还有一种形式：电子俘获。它指的是原子中的一个电子被原子核俘获，与一个质子一起变成一个中子，衰变放出的能量由放射出的电子中微子带走。

查德威克对中子的发现为构建成功的原子核结构模型提供了基础，多年来这个模型一直是核物理学的一块基石。在这个模型中，原子核由质子和中子组成，而电子和正电子会从原子核里发射出来并不意味着这些粒子被包含在原子核中。

核子碰撞时

1919年，卢瑟福发现放射源发射出的α粒子在轰击氮原子时产生了氧的同位素，这是人类首次实现改变化学元素的人工核反应。

如今的核反应实验已经不用放射源发射出的α粒子来做了。大型加速器可以产生从电子束、质子束到成束的铀原子核等各种各样的粒子束。这些粒子束的能量比放射性衰变中发射出的α粒子高得多，并且可以精确控制。此外，每秒能产生的粒子数量也远远超过了一个放射源的产能。高能粒子束可以精确瞄准一个目标位置，目标位置可以放置任何一个待研究的原子核，它们在那里碰撞并产生核反应。

两个核子在高能状态下发生碰撞会有许多不同的反应，并产生各种新物质。有时碰撞产生的核子内部会具有大量的能量。通过选择合适的粒子束和目标原子核，我们可以制造自己想研究的新核子。研究过程中产生的一些原子核已经在现代医学中发挥了重要作用，许多新制造的原子核的特性与地球上自然存在的原子核的特性大相径庭。不过只要入射粒子的能量不是太高，所有嬗变过程

都符合质子 – 中子模型：碰撞产物的质子和中子总数与原始反应物的质子和中子总数相等。当碰撞的能量高于一定值，则会产生其他粒子。

拆开原子核

有一种特殊的反应被称为光致蜕变。顾名思义，它说的是光对原子核的破坏。就好比太阳光中的紫外线辐射会分解部分染料分子，衣服和精美的挂毯会因此褪色一样，高能光子也能分解原子核。这里的高能光子不是可见光的光子，而是高能 γ 射线，就是原子核从一个量子能级跃迁到另一个量子能级时放出能量而发出的辐射。

有制造高能物质波的机器，当然也有制造高能 γ 射线光子的机器。不过查德威克和莫里斯・戈德哈贝尔第一次做光致蜕变实验，试图把氘核分解成一个质子和一个中子时，用了 γ 衰变放射出的 γ 射线。在今天，我们可以用一台机器，比如在德国美因茨的那个，利用光子或电子从任意一个原子核中撞击出一个质子或中子。可以想象，只要对一个原子核反复撞击，一次撞击出一个质子或中子，最后肯定会得到一个氘核，再往后就只有一个质子或中子。既然我们可以把原子核这样一个一个地拆开，那么原子核里应该确实只有质子和中子了。然而量子力学不愧是量子力学，它说事情没那么简单。

汤川秀树，1907—1981，提出了一种新的粒子——介子，他认为将质子和中子结合在一起的力源于介子的交换。第一个被发现的介子现在被称为 π 介子。汤川在 1949 年获得了诺贝尔物理学奖。（美国物理研究所埃米利奥・塞格雷视觉档案馆，威廉・弗雷德里克・梅格斯收藏）

原子核里的其他东西

粒子可以被创造和摧毁，好比在 β 衰变过程中产生的电子，或者由高能光子轰击出的正负电子对。1935 年，日本物理学家**汤川秀树**对核子之间的吸引力提出了一个激进的理论解释，并由此获得了诺贝尔物理学奖。这种力将质子和中子结合起来形成氘核，也让所有核子聚合在一起。汤川提出，这种力来源于一种全新的

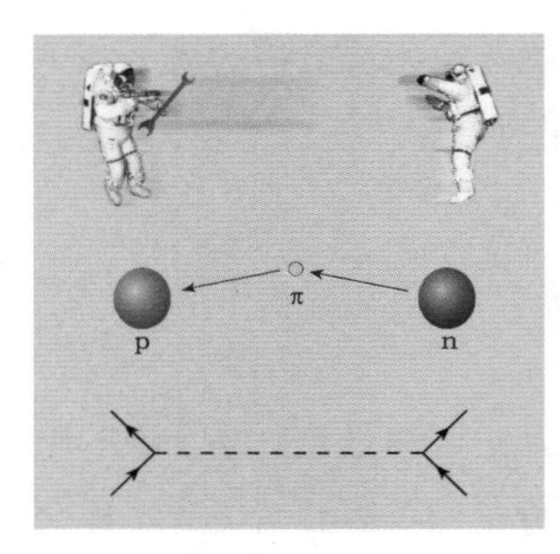

π 介子交换

在太空中的两名宇航员互相扔扳手，两人之间的距离会越来越远。而核子不是这样的。粒子交换反而会使粒子互相吸引的原因只能用深奥的数学知识来解释。图片最下方是表示介子交换过程的费曼图，虚线表示介子。

量子银行

自然会短暂放贷能量，从而允许介子被无中生有，完成介子交换的过程。能量守恒定律只会在一瞬间被打破，贷出的能量越大，就必须越快偿还。

粒子。这种粒子从一个核子中产生，以接近光速的速度跳出，被另一个相邻的核子吸收。这一过程中会产生吸引力似乎令人惊讶，但这种吸引力是汤川经过计算后做出的明确预言。还有其他的例子：带电粒子之间的作用力（同性电荷产生排斥力，异性电荷产生吸引力）也是源于粒子交换，不过这里的粒子是光子。

汤川预言的粒子最终在提出预言 10 多年后被发现，如今被称为 π 介子，它是介子类粒子中最轻的一种。最初，介子之所以被称为介子，是因为它的质量介于电子和质子之间，π 介子的质量约为电子的 273 倍，而质子的质量约为电子的 1835 倍。多年来，有许多介子陆陆续续被发现，其中不乏比质子重得多的介子。比如 B 介子比含有 4 个核子的 α 粒子还要重。

根据现代版本的汤川理论，原子核中的核子是因为介子交换聚在一起的，介子从一个核子跳到另一个核子后就消失了，这个过程非常短暂，见图 **“π 介子交换”**。介子产生的能量是从**量子银行**借来的，必须立刻偿还。因此在任何时候，原子核中必须同时包含一些介子、质子和中子。

介子不能解释一对核子之间产生的所有作用力，尤其是当它们靠得非常近时。想要更全面地理解这些作用力就必须明白质子和中子与所有的介子一样，本身就是复合物体，由许多更为基本的构件组成，这种基本构件叫作“夸克”，夸克之间通过胶子交换产生相互作用，聚在核子或介子中。现代核研究开启了一个全新的课题：对核子在夸克 - 胶子层面上的研究，能提供一个怎样的窗口让我们去了解自然的。

没有简单的答案

高能粒子撞击到其他核子时，偶尔会把 π 介子撞击出来。可这并不是原子核内有 π 介子的确凿证据，因为 π 介子可能向射入的高能粒子借用能量而产生，正如我们此前所见 X 射线从原子核里放射出来并不代表原子核里有 X 射线一样。一些做起来相当困难的实验涉及电子和光子束，这时只有假定原子核里有 π 介子才能解释。

任何问题的答案都取决于观察角度，这是量子世界的规则。比如你问原子核里有什么，当我们用低能粒子去观察，那么答案就是原子核里只有质子和中子。在这种只涉及低能粒子的实验中，一个原子核会以核子为单位被逐个拆开，最后什么也不会剩下，当然也不会看到任何 π 介子。如果用高能粒子去观察，答案就不一样了，原子核里会包含许多其他粒子。

介子并不是原子核里最后一样我们知道的东西。在介绍新粒子之前，我们先来回顾一下原子核，它和原子一样，有激发态。如果一个原子核处于激发态，它将通过发射一系列 γ 射线迅速丢弃多余的能量，直到达到能量最小的状态，即基态。在 20 世纪 50 年代，人们发现质子和中子可以被激发到更高的能态，它们的特性会因高能而改变，成为新粒子。这些新粒子也可能是原子核里的“居民”。在图**“产生新粒子”**中，我们可以看到两个核子在高能状态下碰撞时产生的各种新粒子。

我们通过测量新粒子在气泡室中留下的痕迹来了解它们，见图**“粒子留下的痕迹”**的图。这些粒子轨迹也许会让你想起第 3 章中的云室轨迹图，它们的原理大致相同。

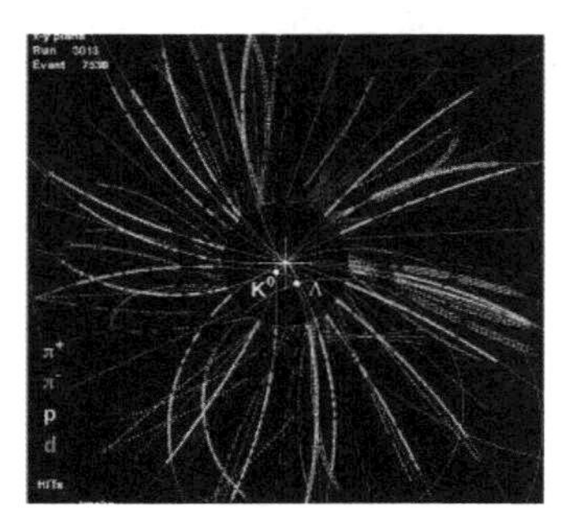

产生新粒子

当两个核子以 89% 的光速碰撞时，许多粒子会被释放出来。通过这张照片可以一一识别它们，这张照片是在德国达姆施塔特的重离子研究中心使用漂移室拍摄的。其中有两个粒子十分特别：一个 K^0 粒子和一个 Λ 粒子。它们不存在于发生碰撞的原子核里，会非常迅速地衰变为我们熟悉的粒子。我们在这样的实验里发现了有关中子星和超新星爆发的重要线索。（重离子研究中心友情提供）

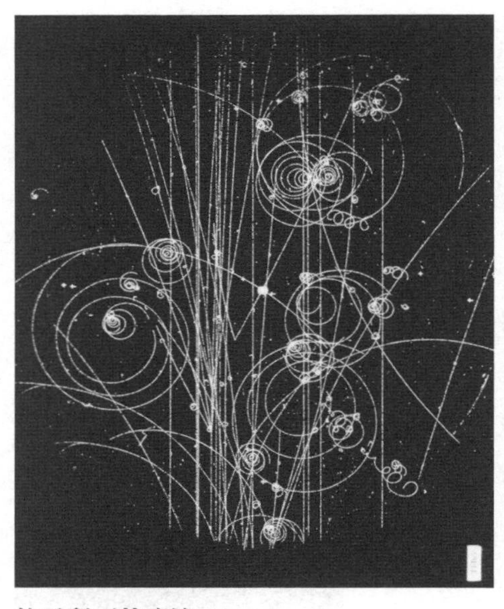

粒子留下的痕迹

图中是高能粒子在气泡室中留下的痕迹。有些粒子的路径更容易被磁场偏转，就像居里夫人论文中的图一样。在中间偏左一点的地方，一个“V”状的轨迹是一对粒子－反粒子的轨迹，它们从一个中性粒子中产生，而中性粒子没有留下任何轨迹。（欧洲核子研究中心）

处于激发态的核子最常见的状态是“Δ 共振”。在核子外，Δ 粒子的存在时间非常短，大约就是光从质子的一边穿到另一边的时间那么短，但在核子内，质子可以十分短暂地从神秘的量子银行贷出能量提供给介子，质子和中子利用贷出的能量短暂地变为 Δ 粒子。因此，氘核中的质子有约 1% 的时间是 Δ 粒子。

从氘核中是有可能撞击出 Δ 粒子的，但必须以足够的能量去撞击氘核，把一个核子变成 Δ 粒子，Δ 粒子会迅速衰变成 π 介子，我们的仪器只能探测到 π 介子。这并不能证明氘核里一直有 Δ 粒子。原子核里有 Δ 粒子的证据要么是间接的，要么是某些核理论的前提条件：Δ 粒子和其他粒子由核子的激发态形成，并在核子中短暂地存在。

Δ 粒子和其他新粒子需要更为庞大的机器才能制造。托马斯·杰斐逊国家实验室（也称托马斯·杰斐逊国家加速器装置）有这样一台连续电子束加速器，它被人们称为“JLab 加速器”。在这台机器中电子可以被加速到光速的 99.9999%，借此我们可以研究夸克层面的核子，了解核子在相距极近时的相互作用。爱因斯坦的狭义相对论在 JLab 加速器中得到了证实：高能电子带来的巨大能量让核子产生了新粒子。解释核子如何聚起来的理论可以通过研究这些新粒子的行为得到检验。

在 JLab 加速器中，发丝粗细的电子束在长长的地下真空管中被电磁场加速，管道组成一个巨大的电子束赛道，见图“JLab 加速器”的上半部分。电子束在

托马斯·杰斐逊国家实验室的电子束加速器（JLab 加速器）
这是美国弗吉尼亚州的托马斯·杰斐逊国家实验室的鸟瞰图。左上方的是连续电子束加速器的地上建筑。地下是它巨大的椭圆形真空管，电子束在加速的过程中会多次通过这个管道。图下方 3 个草坪的地下部分是分析散射粒子的 3 个实验大厅。

在 A 厅里

这张照片展示的是用来把电子束输送到目标核子上的管道，它从加速器周围的混凝土防护层里伸出来。

强烈的无线电波波峰上“冲浪”，在磁场的引导下围着电子束赛道不断地增加能量。每圈的路程超过 1 千米，电子束跑很多圈后很快就能达到接近光速的速度。加速后，电子束被引导到 3 个地下区域之一，在那里撞击目标核子，科研人员会分析这些撞击。地下区域分别是 A 厅、B 厅和 C 厅，在 JLab 加速器航拍图靠下的 3 个草坪下面。在这 3 个区域里会产生许多不同的粒子供科研人员研究。

在第 4 章中我们知道，要“看到”核子最微小的细节，就要有波长极短的粒子。电子束获得的高能使 JLab 加速器成为世界上最大的“核显微镜”之一。图“在 A 厅里”的图中可以看到一个管子从巨大的混凝土防护层里伸出来，把高能电子输送到目标核子上。其他设备则负责测量被散射或产生的粒子的性质和能量，以及它们在各个角度出现的数量。盖革和马斯登的实验让卢瑟福推断出了原子核的结构，JLab 加速器好像与他们的实验装置相去甚远，但其核心思想是相差无几的。

高能状态的核物质

我们已经看到，普通的原子核不仅含有质子和中子，还有介子和其他粒子，介子和其他粒子存在的时间非常短暂，用低能粒子束轰击分解原子核的时候观察不到它们。观察在高能状态的原子核也很重要，因为在宇宙的一些地方，原子核或构成原子核的物质会以非同寻常的状态存在。比如中子星完全是由核物质组成的，但它不是普通核子基态的聚合体。组成中子星的物质无法在地球上制造，但我们可以通过研究超高能的核子在碰撞时产生的现象来获得有关中子星的线索。意料之中的是，有许多新粒子在这个过程中被创造出来。

两个复杂的原子核在高能状态下碰撞后，除了 π 介子之外，还会出现许多不同种类的介子，这些介子为研究核物质在高能、高压下的行为提供了线索。这些信息对了解中子星和超新星里发生的反应至关重要，正是在超新星爆发过程中产生了地球上的许多元素。

只要注入的能量足够，原子核能产生的粒子种类似乎没有限制。在高能碰撞时出现的大量粒子表明原子核在温度非常高的时候，质子和中子会熔化成为“夸克胶子汤”，也就是夸克胶子等离子体。了解物质的这种状态至关重要，因为非常早期宇宙中的物质曾经有一个短暂的瞬间处于这种状态。在图**“物质的新状态？”**的图中我们可以看到欧洲核子研究中心在 2000 年左右尝试生成夸克胶子等离子体时制造的粒子雨。我们将在第 10 章中再次讨论这个主题，讲述美国的相对论性重离子对撞机和欧洲核子研究中心的大型强子对撞机得出的最新成果。

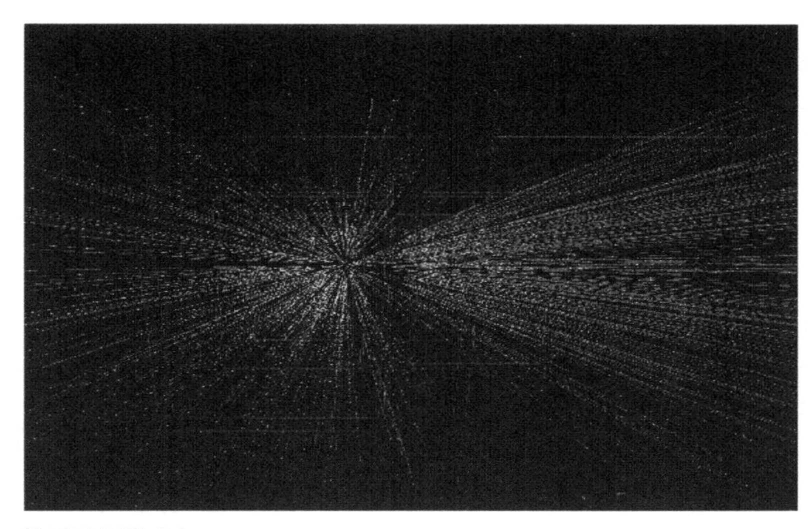

物质的新状态?

当两个铅原子核以能达到的最高能状态碰撞时，夸克胶子等离子体就会在瞬间诞生。随后它会随着壮观的粒子雨而消失，就像在追踪室中留下的路径这样。光束是朝着观察者的。在宇宙大爆炸后的几微秒内，整个宇宙都由夸克胶子等离子体构成。(欧洲核子研究中心)

量子隧穿

从原子核出来的东西一定本来就在原子核里这种说法已经确认不适用于电子了。而这种说法是否适用于 α 粒子这个问题再次反映了量子世界的耐人寻味之处，答案是既适用又不适用。α 粒子是一个结合非常紧密的原子核，它的两个质子和两个中子会紧凑地聚在一起，因此它们在许多原子核里经常有独立存在的状态。

^{20}Ne 是由 10 个质子和 10 个中子组成的氖同位素，其原子核的结构类似于 5 个 α 粒子。这甚至能由 20 个核子在整个原子核内自由移动的模型预测出来。尽管在某些原子的原子核里，核子确实倾向于组合成类似 α 粒子的簇，但这些簇并不一定是由几个特定的核子组成的，也不一定是由几个相同的核子组成的。根据量子力学，原子核中的每一个质子都有一部分在各个类 α 粒子簇中，每一个中子也是如此。因为从量子力学的角度来看所有质子都是相同的，所以每个质子是每个簇的一部分。因此，原子核里有 α 粒子跑来跑去，每个原子核都含有特定的核子簇这种通过直觉想到的画面并不准确。

铀同位素 ^{238}U 的原子核非常重，它会发射 α 粒子来衰变，它含有的中子数（146 个）比质子（92 个）多得多，不能看成多个 α 粒子的集合。话虽如此，但铀原子核中确实会有类 α 粒子的结构，这些结构最后也会以 α 粒子的形式放射到原子核外并被探测器检测到。放射出 α 粒子的概率越大，原子核的半衰期就越短。像 ^{238}U 这样的原子核半衰期是由两个因素决定的，一是质子和中子排列结构像钍同位素 ^{234}Th 加一个 α 粒子的可能性，二是 α 粒子从原子核中隧穿出来的速度有多快。

1928 年，乔治·伽莫夫、格尼和康登同时算出了 α 粒子的隧穿概率。正是 α 粒子隧穿概率的不同让不同元素的原子核半衰期有如此大的差距。^{238}U 的半衰期是 45 亿年，而钋同位素 ^{212}Po 的半衰期是 1/3 微秒。简明扼要地说，量子力学里的隧穿效应就是根据量子理论，粒子有可能穿过一个它本来没有足够能量可以越过的势垒。在不到量子级别的世界里，这样的事情是绝对不可能发生的，见图**“量子隧穿”**。

粒子发生隧穿的难易程度会随着粒子的能量大小极其敏感地变化。铀和钋

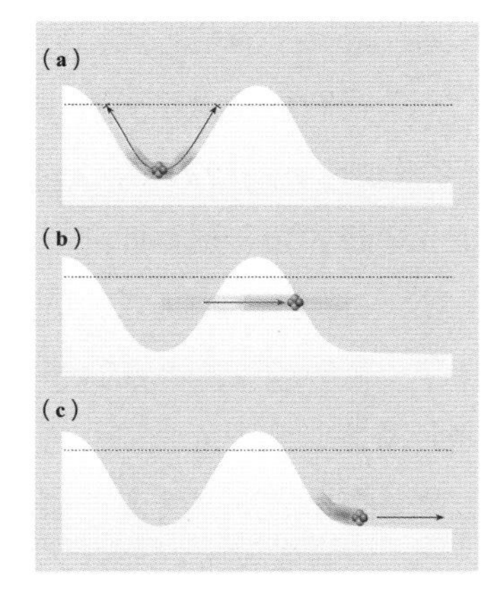

量子隧穿

（a）图示意了一个来回滚动的粒子（想象一个弹珠），它根本没有足够的能量离开势阱。而量子力学允许令人惊奇的事情发生：一个因能量太小而无法离开势阱的粒子偶尔可以直接隧穿，越过势垒，正如图（b）示意的那样，这种情况在宏观的人类世界中是不可能发生的。在隧穿后粒子可以加速“下坡”，这和日常的经验相符，正如图（c）示意的那样。

同位素半衰期的差异之大足以见得这种敏感程度之深：二者半衰期悬殊的差距只因为一个因素的一倍之差，^{212}Po 发射的 α 粒子具有的能量比 ^{238}U 发射的 α 粒子具有的能量多一倍。对于 α 衰变的半衰期与放射出的 α 粒子能量之间的关系这个谜团，伽莫夫的量子隧穿理论做出了高度完美的解释。正是他的这个对 α 衰变的解释首先让当代的科学家们相信量子理论能用于原子核。毕竟，描述原子特性都需要一个全新的理论，即量子理论，所以可以想象，要描述大小约为原子的万分之一的原子核，当然需要另一个全新的理论了。在今天，我们对原子核的所有理解都基于量子理论。

量子隧穿在核物理学中的重要意义远远不止解释 α 衰变。恒星通过核聚变反应获得能量，氢元素通过核聚变反应产生其他元素，这些都依赖于粒子隧穿势垒进入原子核，除了隧穿，这些势垒都不可能被逾越。隧穿率敏感地取决于粒子能量，这是控制恒星燃烧和演化速度的关键。隧穿让太阳和恒星产生能量成为可能，是产生所有组成我们身体的元素的关键。

第6章　元素风光

元素的多样性及不同的丰度

环顾四周，不难发现在我们的地球上有些元素比另一些元素丰富得多，比如铁元素比金元素多得多。要是金元素比铁元素多的话，造船业和珠宝业怕是会和现在大不相同了。不只是地球上的物质如此，天文学家们发现，从整个宇宙来看，铁元素也要比金元素多得多。然而铁也是相对较少的元素，加上除氢和氦以外的所有元素，它们也只占了整个可观测宇宙里全部可见物质的2%，剩下的98%里有3/4是氢元素，1/4是氦元素。

这些占比微小的元素并不是均匀地分布在宇宙中，而是集中在一些特定的地方，比如地球。不只是量的分布，元素种类的分布也很不均匀。幸运的是，地球上有足够丰富的元素，像碳、氧和铁等。正是元素丰富的多样性和极高的丰度使生命的存在成为可能。

似乎有些元素在自然界的流行排行榜里比其他元素更靠前。是什么让碳元素和铁元素受到大自然的如此青睐，而金元素又是那样的稀少？只要把核物理学、天体物理学和宇宙学的知识结合起来，这些问题就迎刃而解了（见图**“可观测宇宙边际的星系”**）。

原子核的生命

氢原子核通常只由一个质子组成，偶尔会有一个甚至两个额外的中子（见图“氘”），但绝不会更多。一个原子核能包含的中子的个数是有限的，这一性质对物质世界有着深远的影响。假如一个氢原子核有1个质子和99个中子，它就会有非常奇特的物理性质——由这种氢的同位素组成的水在室温下会是固体。

如果 ^{40}C 取代 ^{12}C 成为最常见的碳同位素，那么生命赖以生存的碳化合物就会大不相同：我们体内的脂肪质量将是现在的3倍，更夸张的是，我们必须艰

可观测宇宙边际的星系

这是通过哈勃空间望远镜看到的景象。这些光线在到达望远镜前已经走了数十亿年，因此我们看到的这些星系是它们数十亿年前的样子。比起我们的银河系，它们少经历了数十亿年的核反应，因此含有的重元素较少。（美国航天局和空间望远镜科学研究所）

难地呼出固体二氧化碳！但 ^{40}C 并不存在，也不可能存在。原子核能否存在的关键在于原子核内储存的能量。原子核内的能量不仅可以解释为什么某些元素比其他元素更丰富，也可以解释如何在地球和其他各种星球上从原子核中提取能量。

什么样的原子核可以存在?

原子核可以分为两种：稳定原子核与放射性原子核。稳定原子核会永远存在；而放射性原子核不稳定，会衰变成不同的状态。当放射性原子核衰变成另一种不稳定原子核时，它会继续衰变；放射性衰变会一直持续下去，直到生成一个稳定原子核。

从**塞格雷图**中可以看出，放射性原子核的种类比稳定原子核多得多。因中子太多而不稳定的原子核会进行 β 衰变，其中子变成质子，并放出电子和难以监测的反中微子（见图**“达到稳定”**）。因中子太少而不稳定的原子核则会经历另一种 β 衰变，它的质子会变成中子。所有稳定原子核早已被人们认识多年，

氘

原子核里有一个中子的氢元素被称为氘，记为 ^{2}H，它的原子核被称为氘子。有两个中子的氢元素是氚，记为 ^{3}H，它的原子核被称为氚子。氚 β 衰变后会变成罕见的氦同位素 ^{3}He。氘也叫重氢，在一些核电站中被用作慢化剂，具体见第 7 章。

而已知的放射性原子核的阵容还在不断扩大。研究人员时常在实验室里发现新奇的放射性原子核，它们的性质给现有的原子核结构理论带来挑战。在星球上形成各种元素的过程中，比如汽车电池中用的铅的形成，这些奇异的放射性原子核起着至关重要的作用。许多放射性原子核都极不稳定，半衰期远小于 1 秒。有些原子核存在的时间短到几乎不能说它们存在过，即使它们在星球上的停留如此短暂，它们也在我们的世界中留下了印记。

目前我们还不知道含有一定数量质子的原子核在变得极不稳定，以至于存在时间过短到不存在之前，最多可以含有多少个中子。这是一个理论和实验研究的热门领域，目前我们无法预估原子核可能含有的核子总数。

有关原子核结构的理论一直以稳定原子核模型为基础。钙的原子序数 $Z = 20$，原子序数比钙原子的小的大多数元素都有几种同位素，

塞格雷图

图中是目前已知的所有原子核，纵坐标是质子数，横坐标是中子数。黑色表示稳定原子核和像 ^{238}U 这样寿命极长的原子的原子核。蓝色表示因中子过多而发射电子进行 β 衰变的原子核。红色表示进行正电子 β 衰变（又称电子俘获，EC）的原子核。黄色表示进行 α 衰变的原子核。绿色表示进行自发裂变的原子核。彩色区域的上边缘有一些橙色的点，它们表示发射质子（p）进行衰变的原子核。图中右上角的方块表示最近产生的超重核。类似这样的图叫塞格雷图。

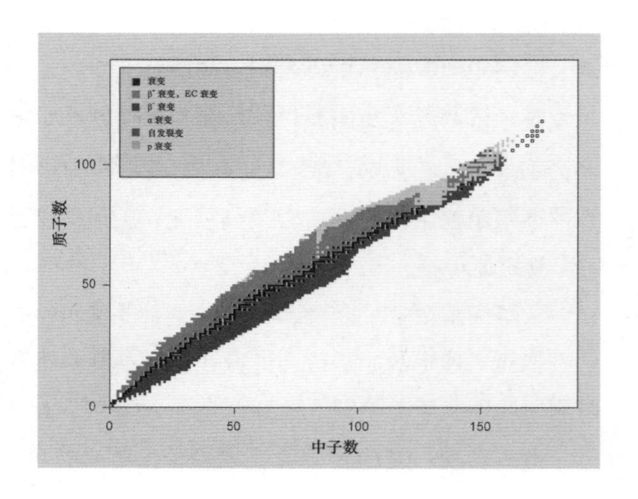

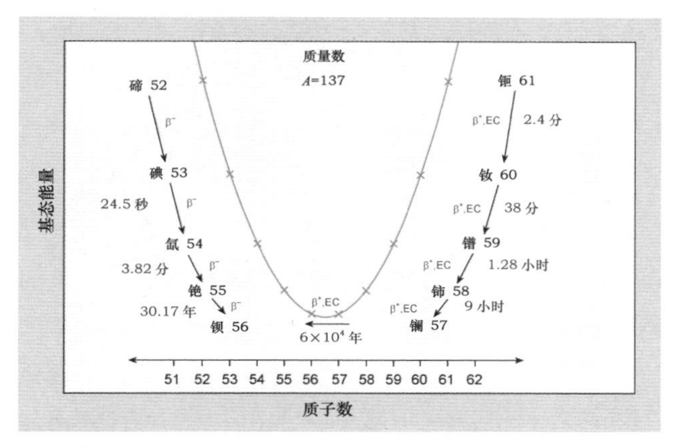

达到稳定

原子核的不稳定源于质子和中子数量的比例偏离了稳定原子核的该比例（为 1），上一页的塞格雷图中红色或蓝色的标记表示不稳定原子核，通过 β 衰变原子核可以调整这一比例，并衰变为质量数最接近稳定的原子核。质子和中子数量比例的偏离使原子核拥有的能量过剩。过剩的能量被电子或正电子、中微子带走，丢弃多余能量的过程就像从山上掉下来一样。我们能在图中看到原子核具有的能量在质子和中子数量的比例偏离稳定原子核的该比例时迅速增加。图中以钡同位素 ^{137}Ba（56 表示钡有 56 个质子）为例，标出了一系列原子核不同的能量值和质子数的关系，点连成的曲线形成了一条抛物线，这些原子核都有 137 个核子。抛物线两侧的原子核都会在一系列的 β 衰变中失去能量，最终变成 ^{137}Ba。它们的半衰期已在图中标出。

而每一种这些元素总有一种稳定同位素符合这个规律：原子核里的中子与质子数量相同，或中子比质子多一个。原子核含有奇数个质子的元素通常比原子核含有偶数个质子的元素同位素更少。比如氟元素（$Z=9$）、钠元素（$Z=11$）和铝元素（$Z=13$）各自都只有一种同位素，而氧元素（$Z=8$）、氖元素（$Z=10$）和镁元素（$Z=12$）各自有 3 种同位素。

原子序数比钙原子的小的元素，其稳定同位素的原子核含有的质子和中子数量相当。而从钙元素开始，规律发生了变化，稳定同位素的原子核含有的中子数开始多于质子数，钙元素本身有一种罕见的同位素 ^{48}Ca，它的中子数（28 个）比质子数（20 个）多 8 个。钙的最常见同位素 ^{40}Ca 的原子核含有 20 个中子，从轻到重看，它是最后一个原子核里质子和中子数量相同的稳定元素。比钙元素更重的元素，其稳定同位素的原子核含有的中子比质子多，随着原子序数的增加，中子比质子多的数量会增加。例如铅元素的原子核含有 82 个质子，它的稳定同位素可以含有 122、124、125 或 126 个中子。最常见的铀同位素 ^{238}U 的原子核含有 92 个质子和 146 个中子，也就是说，如果原子核里的质子增加 10 个，中子就会增加 20 个。

有些原子核并不稳定，但它们的半衰期很长，所以我们能在地球上发现它们的存在，比如铀同位素 ^{238}U 和钾同位素 ^{40}K。我们每个人体内都有微量的 ^{40}K，所以每个人都有微弱的放射性，在人体内每小时大约有 1500 万个 ^{40}K 原子核衰变，产生的辐射是所有人受到的背景辐射的一部分。大约 46 亿年前地球形成时产生的所有 ^{238}U，仍有一半存在于今天的土壤和岩石中。其实 ^{238}U 在地球上比金这种稳定元素还要常见得多。

滴线

有一些原子核会采取更激烈的方式来调整核内质子与中子的数量比例以接近稳定原子核——它们直接发射质子。这些处于稳定边缘的原子核位于“质子滴线”上，该线划定了一个原子核能含有的质子（即使是极短暂地拥有）数量上限。在**塞格雷图**中，质子滴线靠近彩色区域的左边缘，橙色的点代表直接发射质子进行衰变的原子核。类似的还有中子滴线，它划定一个原子核能含有的中子数量上限，如果原子核在得到一个中子时立刻把它发射出来，则不算含有这个中子。直到撰写本部分为止，只有一些很轻的原子核拥有的中子数量达到中子滴线，也就是原子序数小于硅的（硅的原子序数 $Z = 14$）原子核。含有 14 个以上质子（质子数 = 原子序数）的原子核能含有的中子数量上限还没有被确定。在**“塞格雷图”**中，中子滴线离彩色区域的右边缘有一段距离。含有 60 个质子以上的原子核会进行其他形式的放射。一些原子核会发射 α 粒子进行衰变，而另一些会进行自发裂变：它们会没有任何征兆地主动分裂成两个轻一些的、质量相当的原子核。这一过程在研究人类的诞生方面有巨大应用价值，和 α 衰变一起，它限制了一个原子核能含有的质子和中子总数。

能谷

总体而言，一个原子核里质子和中子的数量比例偏离稳定原子核的该比例

（为 1）越多，它的半衰期就越短。原子核进行 β 衰变时会发射电子和中微子释放能量。那些高度不稳定的原子核会通过这种衰变释放较多的能量。原子核失去的能量越多，放射衰变释放粒子的速度就越快，也意味着半衰期越短。

从研究范围内的原子核来看，稳定原子核具有的能量最少，而不稳定原子核则具有富余的能量，后者可以进行 β 衰变来转化自身并释放多余的能量。原子核越不稳定，它具有的富余能量就越多。打个比方，我们可以说一个原子核位于一个山谷底部，在谷底这个高度的原子核所具有的能量就是这种原子核能稳定储存的能量的多少，它是一个标准。核物理学家将此称为稳定谷。继续用这个山谷比喻，那些具有富余能量的原子核就像坐落在山谷边上的巨石，远不如谷底的原子核稳定，只要轻轻一推，它们就会滚滚而下。能谷慢慢向上倾斜，离谷底越远就越陡峭。进行 β 衰变的原子核正是从能谷的两侧跃下从而失去能量，因此 β 衰变释放的能量相较于其他衰变更多。而躺在谷底的巨石需要有额外的能量才能上坡。在图**“达到稳定”**中，我们能看到所有 A = 137 的原子核通过 β 衰变“滚下山坡”，最终成为 ^{137}Ba 的一系列过程。

沿着能谷看

原子核具有能量的多少取决于原子核里质子和中子数量的总和（原子质量数 A），以及质子和中子数量的比例。一个原子核中的质子和中子数量越多，它具有的能量就越多。一个很重要的属性是每个核子的平均能量，其数值就是原子核的总能量除以它的质量数 A。

找到所有稳定的原子核，比如 ^{137}Ba，制作一张核子平均能量相对于质量数的图，就是图**“最稳定的原子核”**中的曲线图。质量数 A 很小的时候核子平均能量非常多，在 A 为 60 左右的时候，核子平均能量最少，然后核子平均能量随着 A 的增加而缓慢增加。这一曲线至关重要，我们会看到太阳或核反应堆释放能量的过程都可以用它来解释。

把所有已知的原子核放到同一张图里，规定它们所在的高度代表核子平均能量，就会形成一张**“能谷”**图，在图中的谷底会描画出一条图**“最稳定的原子核”**中的曲线。谷的两侧就像我们在图**“达到稳定”**中看到的 A = 137 那个例子一样。稳定的原子核都位于谷底，谷底并不平坦，而是向一个最低点倾斜，最低点在有 26 ～ 28 个质子的特殊原子核附近。这些原子核的核子平均能量比其他所有原子核的该能量都要少。往重的原子核（如铀）的方向，谷底缓慢向上倾斜；往轻的原子核方向，谷底更为陡峭地向上倾斜。

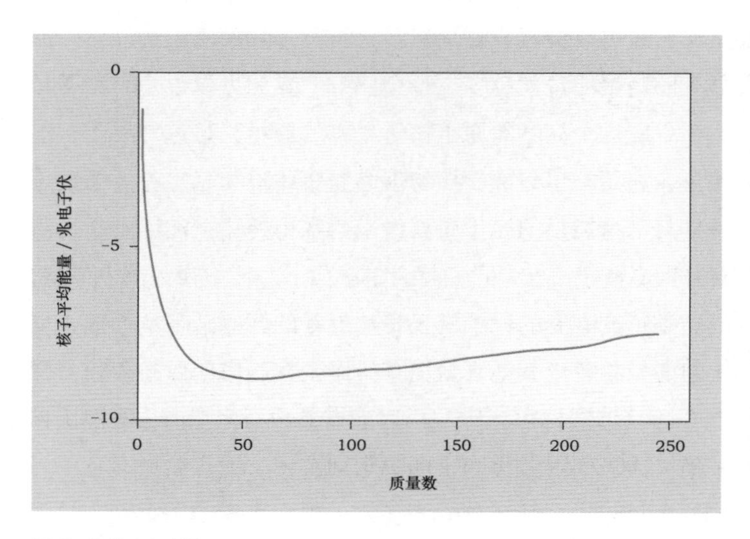

最稳定的原子核

一个原子核具有的能量与它的质量数 A（即核子的数量）并不完全成正比。从图中我们可以看出核子平均能量 E/A 与质量数 A 的关系。最稳定的原子核是靠近曲线最低点的原子核，它们的质量数为 56 ～ 60。更轻的原子核与更重的原子核其核子平均能量都比核子数量在 60 左右的原子核的该能量多。这就是轻的原子核进行聚变来成为重的原子核与重的原子核进行裂变成为两个轻的原子核时都会释放能量的原因。从这个曲线上我们能看出，不同质量数 A 的稳定原子核（也就是图“达到稳定”中靠近抛物线底部的原子核）具有能量。

第 26 号元素是铁元素，一些铁同位素的原子核位置靠近谷底，这是铁元素在地球上（地核的主要构成元素是铁）和太阳系的其他地方丰度都很高的一个原因。铁原子核一旦在恒星内形成，如果没有更多的能量供应，是不愿意再转变为其他原子核的。原子核含有的质子数多于铁或镍（第 28 号元素）的质子数的元素，在地球和其他恒星中的丰度往往低于大多数较轻的元素，比如碳和氧元素，这主要是由元素在恒星中被制造的过程决定的，但能谷也是关键因素之一。

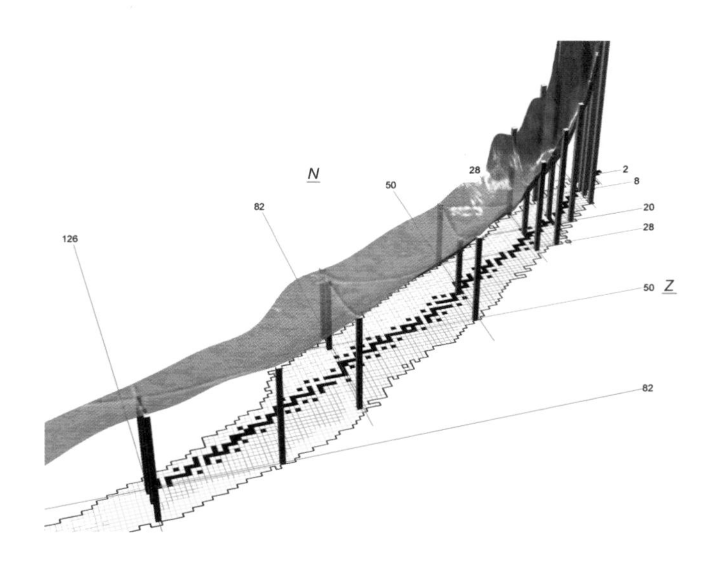

能谷

在图中我们可以看到原子核的代表质子数的原子序数 Z 和中子数 N 是如何影响原子具有的能量多少的。蓝灰色的曲面形成了山谷的形状，曲面上点的高度代表对应原子核的核子平均能量 E/A。能谷底部形成的曲线遵循图**“最稳定的原子核”**中的曲线形状；能谷的两侧是向上的曲面，遵循**“达到稳定”**图中的以质量数为 137 为例画出的曲线。此图上还用灰色线条标示出了谷底的一些特定的“凹槽”并投影到平面上，由红色的线画出，红线上的数字就是幻数，代表这些位置上的原子核所拥有的中子数 N 和质子数 Z，原子核的核子平均能量会在幻数的位置突然下跌。黑色的“柱子”是引导线，方便将曲面上的点和红线对应起来。比如图上有一条凹槽是由含有 50 个质子的原子核在能谷上形成的，另一条凹槽是由含有 82 个中子的原子核在能谷上形成的。

水往低处流，就像水一样，轻的原子核会通过反应来获取更多的质子和中子，向铁元素附近能量最少的区域移动。重的原子核也会通过某种反应将自己变成质子和中子数量较少的原子核，向谷底能量最少的区域移动。由于流动方向不同，这两个过程天差地别：轻原子核会进行核聚变，重原子核会进行核裂变。

核聚变与核裂变

把两个较轻的原子核凝聚成一个较重的原子核会释放出能量，因为较重原子核的核子平均能量比较轻原子核的该能量少。所以两个原子核在凝聚后会产生多余的能量并释放，这就是核聚变。核聚变正是太阳能量的来源，太阳大部分的核聚变是氢原子聚变成氦原子。会释放能量的核聚变不可能产生比铁或镍原子核（也就是处于谷底的原子核）更重的原子核。

在比太阳更热、质量更大的恒星中，还进行着其他的核聚变过程。镁原子核有 12 个质子，硅原子核有 14 个质子，铁原子核有 26 个质子，一个镁原子核与一个硅原子核聚变成一个铁原子核的过程会释放出巨大的能量。太阳系中的大部分铁元素可能就是在大约 40 亿或 50 亿年前大质量恒星发生超新星爆发时的核聚变过程中产生的。

从铁元素开始往更重的元素的方向走，谷底逐渐向上倾斜，也就是说核子平均能量逐渐增加。一个较重的原子核裂变成两个较轻的原子核后，新的原子核在能谷上对应的位置会更靠近能谷的最低位置，核子平均能量会减少。因此两个新的原子核含有的能量之和会小于一开始的原子核含有的能量，于是裂变后会有一些多余的能量。这种一个原子核分裂变成两个原子核的过程称为核裂变。一个较重的原子核发生裂变时，产生的多余能量主要转化为两个较轻的原子核飞散出去时的动能。

核裂变是许多国家电能的部分来源；人造元素锝也是通过这个过程产生的，可以用于治疗癌症和其他各种疾病。此外，核裂变还构成了可怕的毁灭性武器的基础。

自然界最令人惊喜的发现之一

20 世纪 30 年代末，核裂变的发现是一个巨大的惊喜。原子行为中没有任何迹象暗示原子核会进行这样的过程。当时卢瑟福和其他所有的核物理先驱都放弃了提取和利用原子核内能量的相关研究。之后奥托·哈恩和弗里茨·施特拉斯曼惊讶地发现当铀原子核被慢中子轰击时会出现一种更轻的元素钡的痕迹。他们做了大量的实验才确信产生的元素是钡而不是镭，镭的化学性质类似钡但质量更接近铀。

以现在的眼光看来，一个铀原子核会裂变成两个碎片，其中一个是钡原子核，这几乎是显然的，但这点在当时的眼光看来却远非明显。直到几个月后，**莉泽·迈特纳**和她的侄子**奥托·罗伯特·弗里施**在瑞典的孔艾尔夫市度假滑雪时才确定现在公认的原子核分裂成两个的过程叫作裂变，在此之前，“裂变”一词一直被生物学家用来形容活细胞分裂的过程，见**“核裂变的发现”**。弗里施很快观察到钡原子核会高速飞出，同时带走大量的能量。原子核的能量到底还是可以被提取并利用的。

莉泽·迈特纳，1878—1968。她出生于维也纳，在柏林从事放射性研究工作多年。109 号元素鿏就是以她的名字命名的。（美国物理研究所埃米利奥·塞格雷视觉档案馆提供图片）

原子核发生裂变时，飞散出去的两个较轻的原子很快被附近的原子减速，一些能量转移到这些原子上，这个过程会产生大量的热能，我们可以利用这些热能把水烧开、为发电机的涡轮提供动力，但这一切会有一个不幸的后果。我们再来回想一下能谷的底部。拿一个较重的元素来说，其稳定同位素含有的中子比质子多，因此能谷抛物线会远离代表质子和中子数量相等的原子核的直线。比方说一个铀同位素 ^{235}U 吸收了一个中子后生成的 ^{236}U 会发生裂变，它有很多分裂方式，但通常会分裂成钡

奥托·罗伯特·弗里施和莉泽·迈特纳在右图中的寄宿屋里一起度过了他们的冬季假期。标志（上图）上用瑞典语写着：“莉泽·迈特纳和她的侄子奥托·弗里施在这里确定了对铀原子核分裂的解释。”

原子核与氪（Kr）原子核，很有可能是 ^{146}Ba 和 ^{90}Kr。钡的原子序数 $Z = 56$，氪的原子序数 $Z = 36$，两个原子核含有的质子数量加起来是 92，正是铀的原子序数 Z，而核子的总数一共有 236 个。

可问题是，能达到稳定的钡原子核中最重的是 ^{138}Ba，能达到稳定的氪原子核中最重的是 ^{86}Kr，所以在裂变中产生的两个原子核都生成了过剩的中子。这意味着它们在能谷的侧边，这是一种不稳定的状态，不可避免地，它们会进行一连串的 β 衰变来释放能量，从能谷的两侧“翻滚”下去。也就是说，从能谷曲线来看，在裂变中产生的原子核总是会有富余的中子，它们会位于能谷两侧的某个高处，所以在核裂变中产生的原子核总是有高度的放射性。其中的一些放射性原子核有着很长的半衰期，这就给利用核裂变发电带来了威胁。实际上，铀原子核裂变的产物并不会像刚刚的例子那样总是在能谷的侧边那么高的地方。当一个原子核一分为二时，也不是所有的中子都会成为两个较轻原子核的一部分，有少数中子——一般是两到三个——会被释放出来。这些中子可以被其他的 ^{235}U 原子核吸收，变成可裂变的 ^{236}U。这一点至关重要，这让我们能利用核裂变实现能源生产。裂变释放出中子后会诱使更多的铀原子核裂变，而后的裂变又会释放出更多的中子，每个中子都能引起更多的铀原子核裂变，以此类推，这就是家喻户晓的核裂变链式反应（也称链式裂变反应）。在图**“核裂变的发现”**中，我们可以看到核裂变的过程。

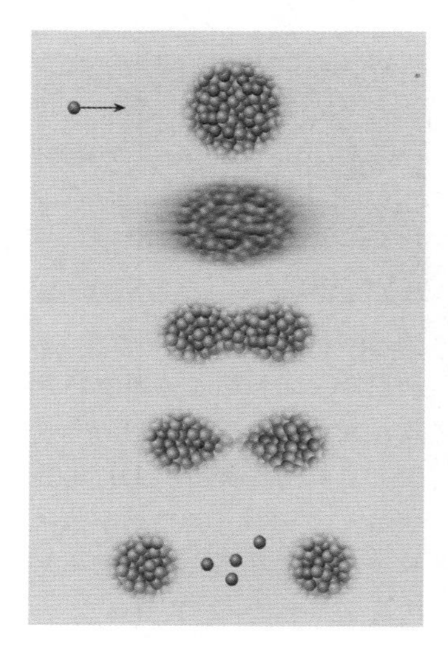

核裂变的发现

莉泽·迈特纳和她的侄子奥托·罗伯特·弗里施（1904—1979）率先意识到奥托·哈恩和弗里茨·施特拉斯曼发现的一种现象是核裂变过程（如左图所示）的迹象。一个飞向目标铀原子核的中子被铀原子核吸收，铀原子核变得“激动”并分裂成两个新的原子核，与此同时一些额外的中子被释放出来。他们提出的裂变模型基于尼尔斯·玻尔的原子核“液滴”模型，这个裂变模型预测裂变会释放出很多能量。

让链式反应以缓慢而可控的状态发生，就得到了核反应堆，核反应堆可以用来提供电力和各种同位素，后者可用于医疗。当链式反应以一种不受控制的状态急速发生时，就可用于制造核弹。

原子核的极限

大约在 1942 年，人们发现在极偶然的情况下，铀原子核可以在没有任何中子撞击的情况下自主发生裂变。我们称这一过程为自发裂变。这一过程可以帮助解释哪些核子可以存在这一问题。

随着质量的增加，自发裂变在那些极重的原子核中发生的频率越来越不可忽视，这是决定一个原子核能有多重的因素之一。以自发裂变为主进行衰变的原子核在图**“塞格雷图”**和图**“原子核的极限”**中用绿色标出。

在稳定谷最上端的大多数原子核会发射 α 粒子进行衰变。α 衰变也可以看作一种裂变，其产生的一个原子核比另一个原子核小得多。发生 α 衰变时，能量被释放出来并由 α 粒子带走，这个过程与原子核发生裂变的过程相似。α 衰变后产生的原子核比初始的原子核更靠近能谷底，尽管 α 粒子本身在谷底很接近边缘的位置，但它依然是一个稳定原子核。原子核发生 α 衰变的概率也是限制原子核质量的一个主要因素。第 5 章已经说过，会进行 α 衰变的原子核，其半衰期敏感地取决于 α 粒子携带的能量：α 粒子携带的能量越多，半衰期就越短。测量被发射出的 α 粒子携带的能量，可以了解到原子核的半衰期。处于能谷顶端的原子核发出的 α 粒子都有过剩的能量，由此看来这些原子核的寿命极短。

幻数

截至当时，人们认为能谷是一个平滑曲面，但进行了更细致的研究后，人们发现它是崎岖不平的。这是因为稳定原子核的核子平均能量并不能形成一条平滑曲线。某些特定的原子核在曲线上的高度比相邻的原子核更低，也就是说它们的核子平均能量更少，这意味着更稳定。这样的原子核在谷底曲线上往往有规律地隔开排列，使谷底形成起起伏伏的凹槽。这些凹槽总是出现在拥有特定数量的质子或中子的原子核上，而这些特定的数字被称为幻数，位于 50 质子线上的一系列原子核就是典型的例子。像锡元素这样原子序数 $Z = 50$ 的元素及

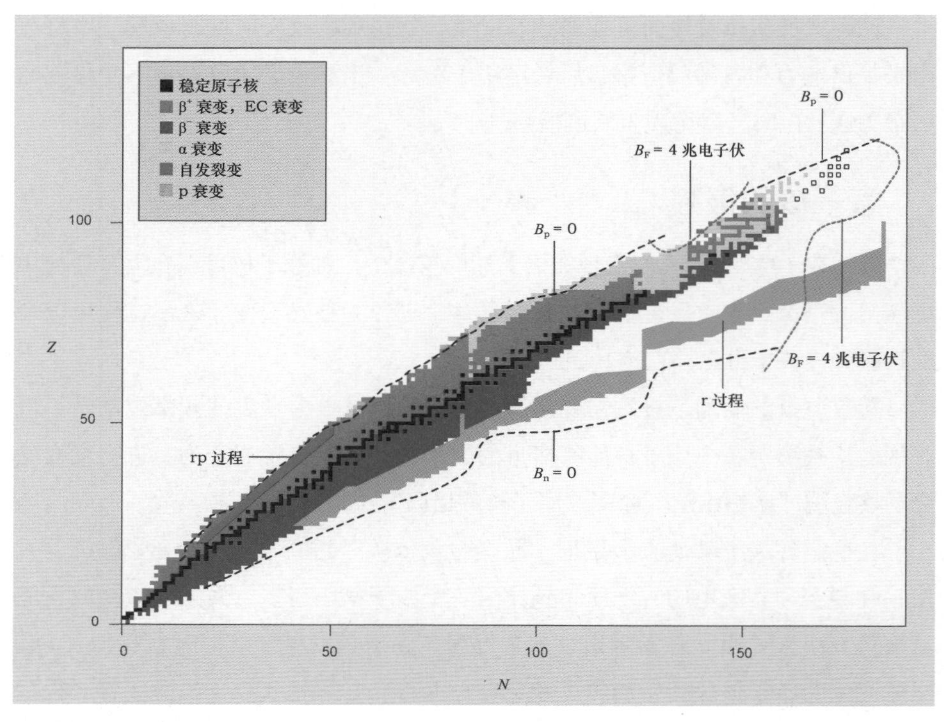

原子核的极限

在这张塞格雷图中，所有可能存在的原子核并没有在任意方向都无限分布。限制原子核位置的线被称为“滴线”，在该图中以虚线表示。我们看到，要是给在中子滴线（$B_n = 0$）上的原子核添加一个中子，它会立刻“滴”回到线内，因为中子结合能 B_n 在这里是零。除了那几个最轻的原子核以外，几乎没有原子核在图中的位置会接近中子滴线。只是在一些位置上，原子核确实会出现在质子滴线（$B_p = 0$）上。自发裂变发生的概率也对原子核的质量极限的大小有所限制，在图中用绿色标出。除此之外的原子核生命会短暂到不能说它们存在过。之后我们会对高速中子俘获（r）过程（淡紫色区域的原子核）和快速质子俘获（rp）过程（绿色区域的原子核）进行解释。

其同位素，它们每个原子核的核子平均能量都要比它们相邻原子核的少一些，同时它们更稳定，也具有由更高的稳定性带来的各种特性。比如锡元素相比其他任何元素有更多的稳定同位素（共 10 个）。

数字 50 对中子来说也同样很有意义。含有 50 个中子的原子核，其每个核子的能量都比它们相邻的原子核的该能量略少。也就是说，比起那些含有比 50

稍多或稍少的质子或中子的原子核，含有刚好 50 个质子或 50 个中子的原子核明显更稳定。尽管与整个能谷相比，它们的位置并没有低得那么多，但这些凹槽对原子核存在的可能性有深远的影响，还包含了关于原子核结构的重要线索。

除了 50 还有其他幻数，包括 2、8、20、28、82 和 126。近年的实验表明，在位于稳定谷两侧较高位置的原子核上，幻数的影响会减弱许多。

同时含有幻数个质子和中子的原子核是特别稳定的，其中最简单的原子核是 ^{4}He 的原子核，即 α 粒子，它含有 2 个质子和 2 个中子，这是它拥有特殊稳定性的原因。再比如铅同位素 ^{208}Pb 的原子核有 82 个质子和 126 个中子。铅元素在地球上很常见，^{208}Pb 是丰度最大的铅同位素。可与铅相邻的元素都相当罕见，并且这些元素的原子核都相对不稳定。比铅的原子序数大 1 的下一个元素是铋（$Z = 83$），它在地壳中的含量只有铅的数百分之一。质子数超过 83 的所有元素都只有放射性同位素。

可能存在的原子核

能谷部分解答了关于什么样的原子核可以存在的问题。比如它解释了为什么没有 ^{40}C 或 ^{100}H 这样的原子核，因为它们离能谷底太远且存在的时间过短。含有一定数量的质子和中子的原子核，其存在取决于这个数量的质子中子组合所含有的能量。有些组合形成的原子核可以永远存在，有些则会进行放射性衰变。一般来说，一个原子核距离谷底越远，其半衰期越短。

从谷底往上走的高度是有限制的，超过某个高度后，妄图往原子核里添加任何质子或中子都不可能，它们会立刻被放射出来。这些极限位置就是原子核能存在或者能被制造的边界。这些边界就是在图**“原子核的极限”**中标出的滴线。一些极限的位置是我们确切知道的，而另一些极限的位置是我们做出的合理猜想。在图**“原子核的极限”**中，可能存在的滴线用虚线标出了。目前，我们发现或制造的原子核都距离中子滴线很远。原子核极限内的空白说明还有许多一定存在但还没在实验室被发现或制造的原子核。图**“原子核的发现”**中显示了一直到 1997 年为止人类对原子核的探索进程，我们可以看到，被制造和研究的原子核数量在逐年增加。

原子核的发现

每发现一个新原子核就会观察到新的现象，这些新现象都挑战着当时的核物理理论。为了向未知领域继续迈进，了解恒星中原子核的变化过程的愿望变得越发迫切，因为许多靠近中子滴线的原子核在组成更重原子核的过程中发挥着关键作用。从图中我们可以看到几十年来所有逼近中子滴线的研究是多么活跃。

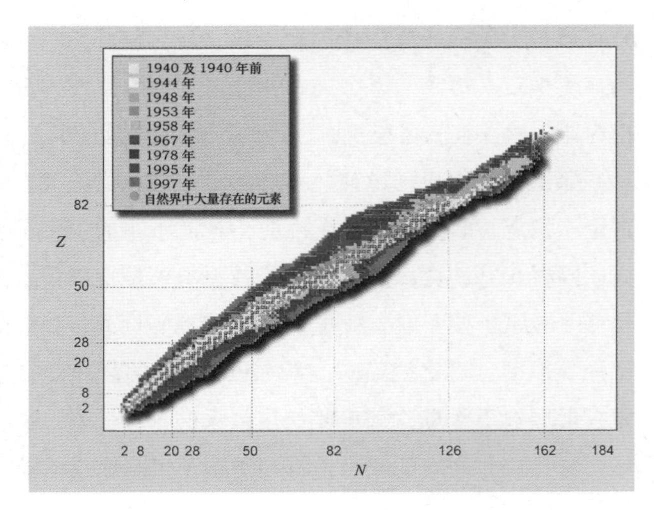

超重核

虽然钍（Th）的所有同位素（$Z=90$）和铀的所有同位素（$Z=92$）都是严格意义上的不稳定元素，但这两种元素都有一两种半衰期极长的同位素，铀有着半衰期与地球的寿命一样长的同位素 ^{238}U，是 ^{232}Th 半衰期的大约 1/3 长。那些含有 92 个质子以上元素的同位素寿命都极短，不可能在太阳系形成后一直存在。那么利用核反应去制造含有 92 个以上质子的原子核自然就成为不可抗拒的挑战！我们称这些原子核为超铀核，因为它们含有的质子比铀原子核含有的质子多。

第 93 号元素镎是由埃德温·麦克米伦和菲利普·埃布尔森于 1940 年在美国加利福尼亚大学伯克利分校使用早期的回旋加速器发现的，见图**“一台早期的回旋加速器”**和图**“制造一种新元素”**。多年来，**格伦·西博格**、艾伯特·吉奥索和他们的大型团队做出了许多努力，在伯克利分校用回旋加速器和其他加速器制造了第 94 号元素钚到第 103 号元素铹。第 104 号元素𬬻到第 107 号元素𬭛一直是伯克利分校和俄罗斯杜布纳的联合原子核研究所多年来的研究主题。

目前，德国达姆施塔特的亥姆霍兹重离子研究中心和俄罗斯杜布纳的联合

一台早期的回旋加速器

1944 年，伯克利分校劳伦斯辐射实验室的第一批大型回旋加速器之一。左起分别是路易斯·阿尔瓦雷茨、威廉·库利吉、威廉·布罗贝克、唐纳德·库克西、埃德温·麦克米伦和欧内斯特·劳伦斯。阿尔瓦雷茨和劳伦斯都获得过诺贝尔物理学奖，劳伦斯凭借发明了回旋加速器而获奖，阿尔瓦雷茨因利用气泡室发现许多新粒子而获奖。麦克米伦发现了第 93 号元素镎，他与格伦·西博格一起因在超铀元素方面的贡献共同获得了诺贝尔化学奖。麦克米伦后来还参与开发了同步加速器，作为二代的设备，比起回旋加速器，它能给粒子提供更多的能量。（美国劳伦斯伯克利国家实验室，美国物理研究所埃米利奥·塞格雷视觉档案馆提供图片）

原子核研究所在制造新元素方面有了新进展，物理学家所面临的挑战是十分严峻的。随着原子核内质子数量的增加，对应元素的半衰期会越来越短，寿命最长的𬬻（Rf）同位素 ^{263}Rf 的半衰期只有大约 10 分钟。α 衰变和自发裂变争相让其他同位素的原子核消失得更快。再到第 107 号元素，半衰期通常是秒级或毫秒级的。原子序数 Z 值越大的原子核就越难被制造，存在的时间也越短。

格伦·西博格，1912—1999，发现了钚和其他一些元素。第 106 号元素𬭳是以他的名字命名的。

多年来，核物理界一直以为对质子数量来说，114 会是一个新的幻数。这可能会在第 112

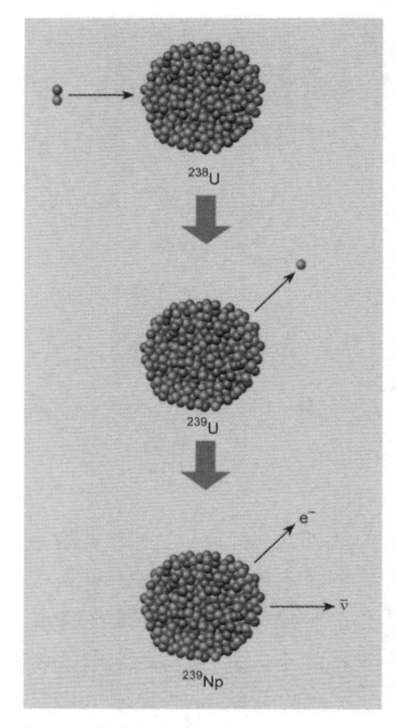

制造一种新元素

麦克米伦和菲利普·埃布尔森用氘核轰击 ^{238}U 制造出了镎。氘核里的中子极有可能被吸收，而质子继续飞散，如此一来会形成 ^{239}U。可是 ^{239}U 原子核含有的中子过多而不稳定，因此发生的 β 衰变会在几分钟内放射出一个电子和反中微子并形成 ^{239}Np。

或 114 号元素周围形成一个“稳定岛”，稳定岛上原子核的寿命比预期的要长，甚至可能长到可以研究相应元素的化学性质。“岛”这个字多少有一些误导，仿佛在说它比周围要高一截，而在能谷图片中就核子平均能量而言，这些更稳定的超重核实际上比周围要低一截，它们的核子平均能量较少。目前这种超重核的岛是否真的存在尚不明确。

能谷的曲率增加了制造超重核的难度。它决定了一个规律：原子核越重，原子核含有的中子数量相对质子就超出得越多，而超重核必须使用比它轻的原子核聚变来制造，因为较轻的原子核具有较小的中子数与质子数之比。因此在这样的反应堆中产生的超重核含有的中子一定很少，不可能在靠近能谷底的位置。雪上加霜的是，这些超重核总是毫无预兆地发生裂变并释放能量，而制造它们的反应过程原本就已经向整个反应系统注入巨大的能量了。太多的能量当然会促使任何本来就有裂变倾向的原子核再次裂变。

即使制造出了几个超重核，要准确识别出它们也十分艰难。每秒都有数万亿个粒子撞击探测器，而一整天也只能制造一个超重核，在这样的情况下识别出一个超重核的难度可想而知，与之相比，大海捞针的难度根本不足挂齿。努力研究这些奇异原子核对物理学家和化学家来说都是至关重要的，化学家可以检验对迄今为止所有的未知元素的化学性质做出的预测是否准确，物理学家则可以检验现有的预测 α 衰变和自发裂变发生概率的理论是否正确，这些检验机会都弥足珍贵。

亥姆霍兹重离子研究中心的物理学家逐个研究了半衰期越来越短的新元素。这些元素包括 1982 年发现的第 109 号元素鿏（以莉泽·迈特纳命名），1987 年发现的第 110 号元素鐽，1994 年发现的第 111 号元素𬬭，以及 1996 年发现的第 112 号元素鎶。超重核研究的进展主要是在德国达姆施塔特的亥姆霍兹重离子研究中心和俄罗斯杜布纳联合原子核研究所的弗廖罗夫核反应实验室中取得的。下表列出了目前所有的人造超铀核。给元素命名之前该元素必须先得到国际范围的认定，在认定前可以叫它们的临时名，如 Ununquadium，意思是第 114 号元素。

2011 年 6 月，经过国际纯粹与应用化学联合会（IUPAC）和国际纯粹与应用物理联合会（IUPAP）严格的标准认定，第 114 号和第 116 号元素被确认是人造元素，直到本书原版付印时，它们还没有公认的名字。（译者注：2012 年 10 月 24 日，第 114 号和第 116 号元素分别被命名为𫓧和𫟷。）

原子序数	名称	符号	合成国家	合成时间/年	应用
93	镎	Np	美国	1940	中子探测
94	钚	Pu	美国	1940	动力、（如航天器动力）武器
95	镅	Am	美国	1944	烟雾探测、工业用 γ 源
96	锔	Cm	美国	1944	α 源、探测火星元素
97	锫	Bk	美国	1949	未知
98	锎	Cf	美国	1950	可能的工业用中子源
99	锿	Es	美国	1952	以下均无用
100	镄	Fm	美国	1952	
101	钔	Md	美国	1955	
102	锘	No	美国	1958	
103	铹	Lr	美国	1961	
104	𬬻	Rf	美国	1964	
105	𬭊	Db	苏联	1967	
106	𬭳	Sg	美国	1974	
107	𬭛	Bh	苏联	1976	

续表

原子序数	名称	符号	合成国家	合成时间/年	应用
108	𬭶	Hs	德国	1984	
109	鿏	Mt	德国	1982	
110	𫟼	Ds	德国	1987	
111	𬬭	Rg	德国	1994	
112	鿔	Cn	德国	1996	
113	鿭	Nh	日本	2004	
114	𫓧	Fl	俄罗斯、美国	1998	
115	镆	Mc	俄罗斯、美国	2004	
116	𫟷	Lv	俄罗斯、美国	2000	
117	石田	Ts	俄罗斯、美国	2010	
118	鿫	Og	俄罗斯、美国	2002	

滴线上的异类原子核

为了扩展我们对一种元素的最丰中子同位素和最缺中子同位素的认识，也就是给定一个原子序数 Z 后，可以知道原子核里能含有的中子上限和下限，我们正不懈地努力。这种不稳定的原子核在地球上很难被制造，但它们确实在恒星爆炸的瞬间短暂地存在过。它们是地球上许多元素——包括我们身体里的一些元素——在产生过程中的副产品。如果不仔细研究这些奇异的、高度不稳定的原子核，我们永远无法完全了解地球上的元素来自哪里，也无法了解产生它们的恒星。

这些异类原子核非常有趣，因为它们中的许多与我们熟悉的稳定原子核是如此不同。比如晕核 ^{6}He 和 ^{11}Li，它们比氦和锂的稳定同位素大得多。理解这些奇异的原子核对理论物理学家和实验物理学家都是一个巨大的挑战。理论可以经过调整以很好地解释所有已知的稳定原子核的特性，但真正考验理论的可靠性的是它们能否预测这些异类原子核的特性。

最稳定的原子核

由于具有特殊的稳定性，铁构成了地核的绝大部分，它也是太阳系中最常见的元素之一，它在能谷上的位置接近最低点，我们很自然地推断这些事之间一定有某些联系，这些事也的确被证实是有联系的，但是与大自然打交道时我们难免会发现一些复杂的特例。铁最常见的同位素 ^{56}Fe 并不是最接近能谷最低点的，能谷最低的位置属于镍的同位素 ^{62}Ni，它的原子核才是自然界中最稳定的原子核。可 ^{62}Ni 在太阳系中的丰度远远不及 ^{56}Fe。原因很简单：一种元素的丰度要高，它的原子核不仅要尽可能稳定，还必须有一个高效的产生机制以便其他原子核可以变成它。

要充分解释为什么有些元素丰度高，有些元素丰度低，就必须考虑原子核的稳定程度和它的产生机制。铁的同位素 ^{56}Fe 是在特定的恒星发生剧烈爆炸时因为一些较轻的原子核发生聚变而产生的，而在这些恒星中没有任何原子核可以与 ^{56}Fe 继续聚变生成 ^{62}Ni。

因此，金的稀有性不仅是由它在能谷上的位置决定的，而且产生金的过程在宇宙中也极为稀有。碳的丰度之所以比金的丰度更高，有部分原因是产生 ^{12}C 的恒星演化过程广泛存在于宇宙中。

第7章 核物理的应用

核物理与日常生活

到20世纪30年代，核物理学迈进了“黄金时代”。从只含有一个质子的氢原子核，到含有92个质子和100多个中子的铀原子核，几乎所有的元素都被认定过了，它们的化学性质也已被悉知。元素周期表中只剩下一些显眼的空白区域，显然某些特定原子序数的元素在地球上根本不是自然存在的。后来核物理学家制造并确定了这些元素的原子核，其中一种元素在现代医学中发挥了重要作用，还在天文学领域大放异彩。

埃米利奥·塞格雷，1905—1989，与欧文·张伯伦因发现了反质子共同获得了1959年的诺贝尔物理学奖。他还有许多其他发现，包括一些新元素。（美国物理研究所埃米利奥·塞格雷视觉档案馆提供图片）

该元素的原子序数是43，在1937年被发现。那一年，欧内斯特·劳伦斯利用他参与制造的新粒子加速器——回旋加速器，用一束氘核轰击含有第42号元素（钼）的目标靶。氘（含有一个质子和一个中子的氢同位素）核与钼核发生反应后，目标靶产生了放射性。一些氘核的中子被困在含有钼核的目标靶中，而氘核的质子继续飞散。钼核里多了一个额外中子，这让它们变得不稳定而进行β衰变，一个中子变成一个质子，同时发射一个电子和一个反中微子。如此一来，第42号元素变成了第43号元素。

欧内斯特·劳伦斯并没有亲自研究这些含有钼核的目标靶，他把它们交给了费米一个前途无量的年轻学生**埃米利奥·塞格雷**，塞格雷刚刚在意大利西西里岛的巴勒莫任职。塞格雷和他的同事卡洛·佩里耶在分析这些目标靶时发现了一种当时还未知的元素留下的痕迹，他们成功地确定它就是元素周期表上缺失的第 43 号元素。他们把这个元素命名为锝，因为它是第一个通过人工技术制造的元素，符号为 Tc。至此元素周期表中的一个空白得以填补。

没有人在地球上发现过自然存在的锝，因为它没有稳定的同位素。寿命最长的锝同位素的半衰期也不过 400 多万年，太阳系刚形成时最初存在于地球上的锝早就都衰变掉了。

随后，数个其他缺失的元素，如第 61 号（钷）、第 85 号（砹）和第 87 号（钫），也一一通过核反应被制造出来了，但只有锝对成千上万人的生命来说意义深远。举一个例子说明一下它的重要性，1998 年加拿大的一个核实验室罢工，威胁到了全世界的锝供应，当时美国核医师学会主席给加拿大总理写了一封措辞激烈的信，信中指出仅在美国每天就有约 47 000 个医疗程序受到威胁。除此之外，全世界的医疗程序也有许多被迫取消。在今天，每年有大约 3 000 万次的医疗成像需要用到锝。可见，人类对物质核心的探索成果会变成日常生活的一部分，锝只是其中的一个例子。没有这些研究成果，现代医学和现代工业将难以维持。

探测和测量辐射

在探讨放射性元素如何用于医学和工业领域之前，我们必须研究当辐射穿透不同物质时会发生什么，以及如何能检测到辐射和测量辐射强度。

放射性元素的辐射产生的所有影响，实用的和能拯救生命的也好，有害的和威胁生命的也好，都归因于当放射性元素发出的辐射穿过其他物体时会对这个物体进行电离。电离辐射穿透物体时，会把电子从物体的原子和分子中击出，于是这个物体会带电。α 射线、β 射线和 γ 射线都是电离辐射。比如 α 粒子穿过物体时，它路径上的许多原子和分子里的电子都会被分离出来，留下一串自由电子。这些电子的逸出对生命是有害的，它会破坏细胞的 DNA，可能会导致基因突变甚至杀死细胞。α 粒子在物体里留下电离痕迹的过程会让它稳定地减少能量并逐渐减速直到静止。我们逐渐了解到，对医疗领域的应用来说，电离辐射在 α 粒子静止之前达到最大这一点是很重要的。

γ 射线和 X 射线穿过物体时也会电离它们。这两种射线最终会被原子吸收而消失，而不是通过逐渐减速失去能量。γ 射线与物质的相互作用让我们有机会探测到它并测量它携带的能量，见图**“利用闪烁探测器探测 γ 射线”**。由于是电磁波，X 射线和 γ 射线光子的速度均为光速。

所有形式的电离辐射都有一个范围，在超出这个范围之前电离辐射会被有效地全面吸收。这个范围取决于电离辐射的能量和它周围材料的性质，铅阻挡

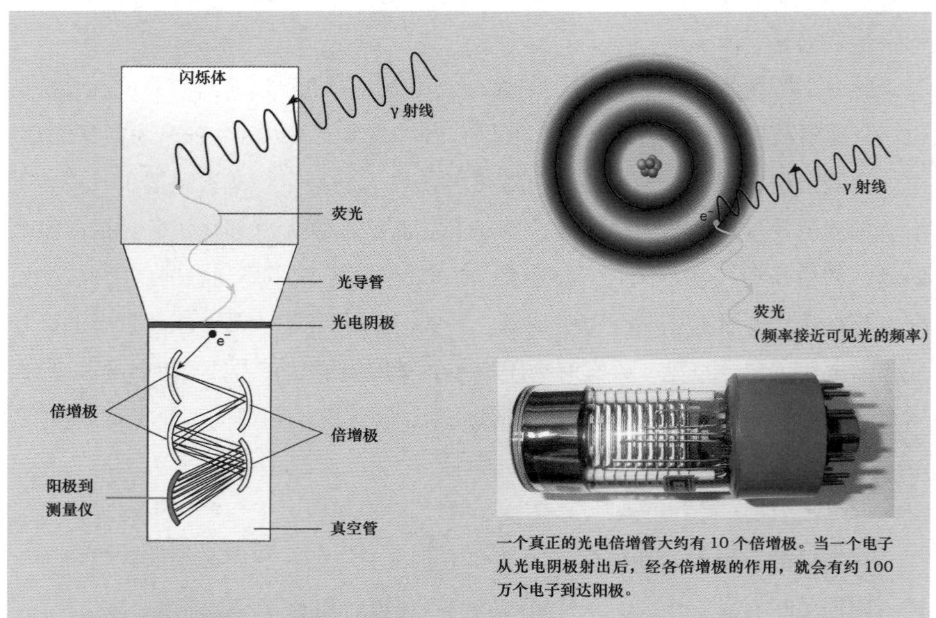

一个真正的光电倍增管大约有 10 个倍增极。当一个电子从光电阴极射出后，经各倍增极的作用，就会有约 100 万个电子到达阳极。

利用闪烁探测器探测 γ 射线

闪烁探测器是用来探测 γ 射线并测量其强度的一种常见仪器，其原理是让 γ 射线的光子与特定的物质相互作用而发出闪光。一种常见的特定物质是掺有大约 1% 铊的碘化钠（NaI）晶体。γ 射线能扰乱许多原子的电子（示意图中有一个），在受到干扰后到恢复稳定的过程中每个原子都会发射出可见光光子。γ 射线的能量越高，原子发射的光子越多。测量出闪光强度我们就可以知道 γ 射线的强度。组成闪光的光子会被引导到光电倍增管，在光电倍增管里，它们促使光电阴极释放出电子，电子进入一个真空管，真空管中有一系列的倍增极。电子在电场的作用下从一个倍增极到达另一个倍增极，每当它们撞击倍增极时就会有更多的电子加入电子流，最后所有的电子到达阳极，进入电子测量电路。整个系统被称为 γ 射线光谱仪。像第 4 章提到的锗探测器只会在测量精度要求非常高时使用，比如在某些核物理实验中，我们会用锗探测器来精确地测量 γ 射线光子携带的能量。在第 3 章提到的硅探测器会在需要精确测量带电粒子所携带的能量和运动方向时使用。像硅和锗这样的半导体会在受到光子或带电粒子撞击时发出电信号。

电离辐射的能力比绝大多数材料都强，因此它被用于屏蔽辐射。对于铅来说，中子是一个例外。作为中性物质，中子最容易被含有大量氢的物质（比如水或石蜡）吸收。这是因为中子会被水或石蜡中较轻的质子反冲，这样一来中子的能量就被吸收了。

自然和人工电离辐射

自然电离辐射就在我们身边。在地球生命的发展过程中生物进化出了各种感官来躲避危险，比如生物能感受到过高的温度和正在靠近的捕食者，但人类还没有进化出能对电离辐射做出快速反应的感官。对于电离辐射，我们是完全感受不到它的任何变化的。自然的辐射源包括我们走过的地面、呼吸的空气和吃的食物，地球形成时留下的一些天然存在的放射性同位素，比如铀和钍，以及高能粒子（宇宙线，也称宇宙射线）从太空轰击地球时在大气层里反应产生的碳同位素 ^{14}C、^{3}H（氚）等（见图 **“背景辐射的来源”**）。

^{40}K 是我们发现的地球上丰度最高的放射性同位素之一，它已经成为食物链的一部分。微量的 ^{40}K 与对生命至关重要的稳定同位素 ^{39}K 一起出现，一旦被人体摄入，就会在我们体内缓慢衰变，但其大部分会被排出体外。另一个常被人类吸收的放射性元素是 ^{14}C。所有的生命体都会吸收碳，其中有固定比例的碳是放射性 ^{14}C。一个生命体一旦死亡就会停止吸收碳，我们可以通过它体内 ^{14}C

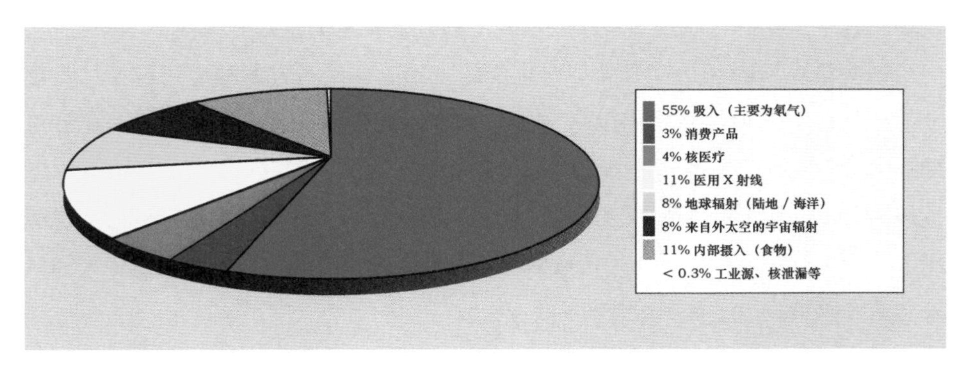

背景辐射的来源

我们会受到来自不同源头的电离辐射，其比例在不同位置是不同的。此图代表的是美国的平均情况，数据来自美国国家辐射防护委员会。

的数量来确定它的死亡时间。这就是碳定年法的理论依据。人类接触到的天然电离辐射源是吸入的惰性气体氡。氡，原子序数 $Z = 86$，是岩石中铀元素衰变的产物。氡的化学性质不活泼，这让它能从像房屋地基这样的多孔材料中逸出，一旦它进入室内空气就会被人体吸入，随后有机会在肺部衰变。

我们受到的自然电离辐射量取决于我们脚下的岩石种类、我们居住地的海拔，以及一个最近才纳入的变量——我们做什么样的工作。经常给病人做X射线检查的牙医或在地下某种岩洞里工作的矿工都会受到额外的电离辐射。航空机组人员因在高海拔地区待的时间比大多数人都长，也会因为宇宙线的影响而受到额外的电离辐射。自然的背景辐射强弱变化很大，并且一般来说比人造电离辐射大得多。

我们都受到过一些人造电离辐射，从烟雾探测器发出的微量电离辐射到医疗过程中有时会遇到的大剂量电离辐射。许多人的工作注定要和微量电离辐射打交道，我们也会受到核电站发出的电离辐射。虽然这些电离辐射大多数时候都比背景辐射小得多，但苏联切尔诺贝利和日本福岛核泄漏事件是给我们的警示，我们必须敬畏这种强大的力量。

医学领域中的核物理学

许多人都曾直接受益于核物理在医学领域的应用。截至2000年，在全球范围内，核医学市场规模年估值已高达百亿美元，由此可见其重要性。在欧洲和美国，几乎一半的住院病人会接受涉及放射性同位素的治疗方案。

核医学在诊断和治疗方面都有重要的应用。在诊断方面的应用包括从常规X射线到注射放射性物质用以 γ 成像；而在治疗方面最著名的应用之一是针对癌症的放射治疗。电离辐射的治疗作用没有像它的伤害作用一样被广泛宣传，电离辐射可以是无形的手术刀，而不一定是无形的匕首。利用辐射治疗也必须像使用手术刀一样小心仔细。在进行放射治疗之前，医生必须权衡电离辐射带来的风险和治疗效果。

电离辐射对活体组织的影响不仅取决于被吸收的电离辐射能量大小，还取决于发出电离辐射的粒子种类。当 γ 射线与细胞核相互作用时，遗传物质DNA的双链结构有一半可能会被破坏，但细胞很有可能会自我修复。当 α 粒子穿过一个细胞时，更为强烈的电离辐射有可能完全破坏双链结构，这样细胞就无法自我修复了。幸运的是，α 粒子的电离辐射范围很小，穿不过人体皮肤；不幸的是，有一些 α 粒子，比如源于氡的，可以通过我们呼吸的空气进入体内。然而，在美国和英国进行的广泛调查发现，环境中的氡气浓度与疾病之间其实没有关联，这表明了生命体的适应性。

来自放射性元素的电离辐射和加速器产生的高能粒子是对付疾病的有力武器，这有两个原因。首先，电离辐射能优先摧毁像癌细胞这样快速生长的细胞。其次，电离辐射可以集中到需要被摧毁的特定组织上。质子和较重的原子核束尤其容易被控制。我们可以看到，这种粒子会在其路径末端才放出它携带的大部分能量，因此我们可以调整这种粒子的剂量，把电离辐射传递到病人体内一个精确的位置。

在治疗一种疾病之前我们必须先做检测并给出诊断结果。许多能发射 γ 射线的放射性同位素，比如锝，可以作为示踪剂。无论示踪剂在体内的什么位置，我们都可以用能检测到它标志性电离辐射的探测器跟踪到它。它可以被制成一种化学试剂并集中放置在特定的器官中，借此我们可以获悉这些器官的精确位置、形状和生化功能。X 射线对软组织是无法这样造影的。

用作示踪剂的锝是 ^{99m}Tc，也写作锝 -99m。这种锝同位素具有 56 个中子和 43 个质子，处于激发态。“m”（metastable，亚稳的）表示它有一个不同寻常的特性，它是一个“同分异构体”，处于有着长寿命的激发态。和所有量子级别的物质一样，原子核也有激发态，并会一直衰变到能量最低的状态，通常以 γ 射线的形式释放能量。通常情况下，γ 射线会在核激发态产生后的十亿分之一秒内被发射出来，但也有少数情况下 γ 射线的发射会延迟。^{99m}Tc 就是这样，它的延迟时间相当长，半衰期长达 6 小时。这一点很有用，这样 ^{99m}Tc 就不会在病人体内长时间发射 γ 射线，并且 γ 射线在病人体外很容易被检测到。

除锝之外，其他一些元素的放射性同位素在医学领域也起着关键作用，比如钴、铜、铯和碘。其他像磷、钙、铬、硒、锶和氚之类的元素在生物医学领域被用于研究从新陈代谢到骨骼形成和细胞功能的一系列问题。

放射性示踪剂在医学上的一个重要应用是正电子发射断层成像（更常被称为 PET）。把含有短寿命同位素（如 ^{11}C 或 ^{13}N）的化合物注射到病人体内后，我们可以跟踪它们在特定器官中的集中情况。我们能做到这个是因为它们在衰变时会放射出正电子，这些粒子几乎立刻会遇到它们的反粒子：电子。正电子和电子碰撞时会迅速湮灭并向两个相反的方向各发射出一个高能光子。以亚微秒的时间量级检测这样的光子对，我们可以精确地知道 ^{11}C 的原子核或 ^{13}N 的原子核衰变时在体内的位置。在一段时间内检测出许多这样的光子对，我们就可以绘制出关键生物化学物质浓度细致的变化图。有了这些技术我们可以研究活体心脏、大脑和其他器官的功能，并诊断它们的相关疾病。比如中风导致的脑损伤可以被精确地描绘出来。目前，正电子发射断层成像也已成为了解大脑和其他器官正常功能的重要手段。

一些锝之类的医用同位素现在是在专门的核反应堆中生产的，其他同位素则是用小型回旋加速器进行核反应生产的。许多医院都有自己的回旋加速器，它会被用于制造特定的放射性同位素，特别是用于正电子发射断层成像的正电子发射物，它们的寿命太短，很难及时被运送到医院等待使用。

用质子和重离子对抗癌症

我们刚提到过，质子和较重的原子核束会在其路径末端放出它携带的大部分能量，这点我们可以在图**“布拉格峰”**里看出来，它们释放能量的规律与X射线形成了鲜明的对比。从图**“布拉格峰”**中可以看出，X射线在刚进入人体时会释放相对更多的能量。人们早就意识到X射线不是一个理想的“癌症杀手”。主要问题是：我们能否使用质子和更重的原子核束，就像那些核物理实验中使用的粒子去摧毁肿瘤？我们能不能调整离子束，让布拉格峰（离子束释放自身大部分能量的位置）刚好在肿瘤内？甚至说在我们脆弱的器官被过多的辐射破坏之前，我们能不能绘制出肿瘤在器官中的位置？

答案是“能”。在为了研究原子核之间的碰撞而开发的技术中，有一些已被物理学家找到了调整的方法，使它们适用于治疗特定类型的癌症。对于高能质子束和最近用上的重一些的原子核（如 ^{12}C 的原子核）的实际应用，许多国家已经在研究和进行临床应用了，其中我们发现 ^{12}C 的实用性无可比拟。特别是在德国达姆施塔特亥姆霍兹重离子研究中心的核物理实验室里已经广泛扩展了相关技术，海德堡离子束治疗中心正在把这些技术付诸实践。

质子束在世界范围内用于治疗癌症已经有一段时间了。那为什么我们还要不嫌麻烦地去加速 ^{12}C 的离子到高能量状态呢？答案在图**“重离子或质子”**里。显然 ^{12}C 离子的布拉格峰要比质子的窄得多。就是这一点，使得在不伤害健康组织的情况下治疗一些形状怪异的肿瘤成为可能。^{12}C 的离子还有一个额外优点：一些 ^{12}C 的离子会发生核反应形成 ^{11}C 核，^{11}C 核正是正电子发射物，那就刚好可以用正电子发射断层成像来监测肿瘤处的辐射，在本章中会对此进行介绍。

利用德国达姆施塔特亥姆霍兹重离子研究中心的核物理实验室里巨大的粒子加速器，我们开创了用 ^{12}C 的离子束治疗癌症的技术。临床治疗毫不意外地也需要一个巨大的加速器，就像**海德堡离子束治疗中心**的那台一样，它是由

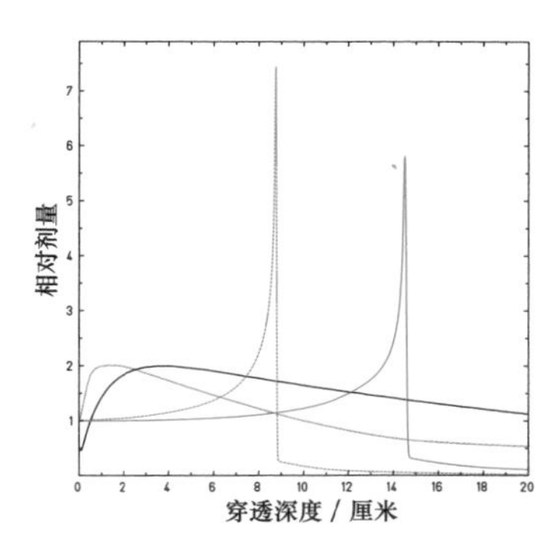

布拉格峰

γ 射线和 X 射线的光子穿过介质时释放能量的方式与带电离子释放能量的方式非常不同。黑线对应来自强大放射源的 X 射线，比如那些用于治疗癌症的 X 射线，它们在进入人体后很快释放出携带的大部分能量，随着穿透深度的增加释放的能量逐渐下降。绿线对应 ^{60}Co 放射出的 γ 射线，它们释放能量的方式与 X 射线有些类似。然而，高能量的 ^{12}C 的离子会在接近停止前的一个特定深度陡然释放出大部分能量。图中急剧上升的尖峰就对应了这个现象，它被称为布拉格峰。峰值出现的高度取决于电离辐射的能量多少，红色虚线所对应的 ^{12}C 离子的能量比红色实线所对应的要少一些。

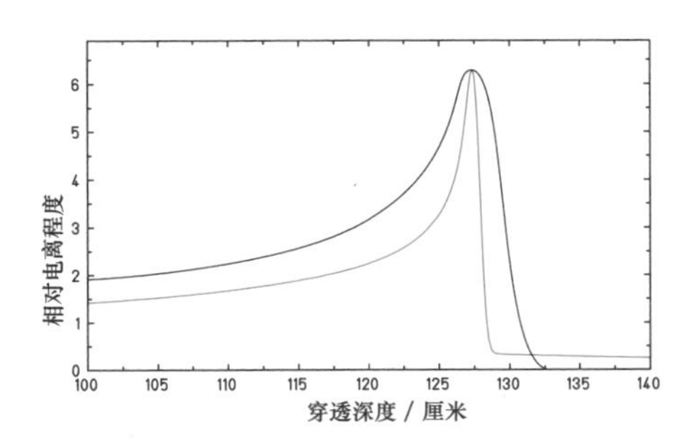

重离子或质子

质子（黑线）和 ^{12}C 的离子（红线）都在穿过物质后停止前释放大部分能量，但 ^{12}C 的离子产生的布拉格峰要窄得多。这就是为什么我们可以把 ^{12}C 离子束精确定位到肿瘤上并把电离辐射几乎完全限制在肿瘤内。

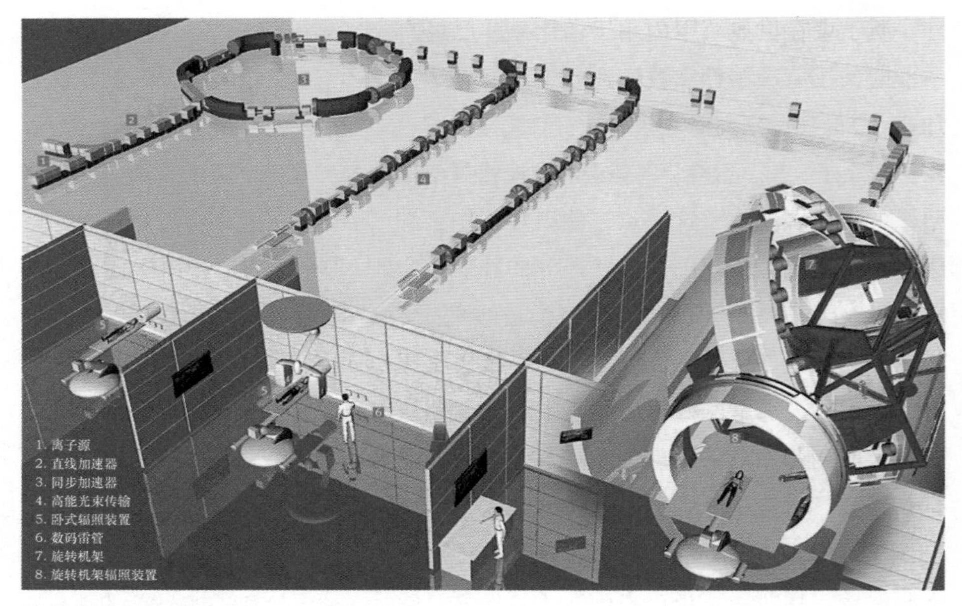

海德堡离子束治疗中心

该中心的规模可以从图中正在接受治疗的人的数量判断。左上方的"赛道"是同步加速器，离子在其中不停转圈直到它们的速度接近光速。离子由磁铁引导，通过真空管到达治疗区。右边的大型蓝色结构是旋转机架，它能控制离子束以任意角度照射到病人身上。在离子束移动时调整它的能量后，我们可以根据布拉格峰精确地绘出肿瘤所在的空间位置。

海德堡离子束治疗中心的旋转机架

在海德堡离子束治疗中心示意图中的蓝色旋转机架的照片。

亥姆霍兹重离子研究中心的粒子加速器发展而来。**海德堡离子束治疗中心的旋转机架**可以把离子束精确地打到需要的地方。

核电

核裂变的过程会释放出巨大的能量，在 20 世纪下半叶许多国家开发了核能发电技术。目前为止核反应提供的电力占世界电力供应总量的 10% 左右。铀原子核裂变成两个或更多个时会释放大量的能量和热量，反应堆的能量就来源于此。原子弹爆炸的能量同样来源于此反应。不过在原子弹中能量是一次性释放的，而在反应堆中能量是以可控的速度释放的。1 千克铀全部裂变所释放的热量相当于 100 万千克煤燃烧释放出的热量，可以看出核能的效率之高。然而，商用的反应堆一次只“烧”其中的新鲜铀燃料的百分之几，烧完后余下的燃料必须进行化学加工才能继续使用。

自然界中的铀几乎都是 ^{238}U，^{235}U 所占的比例不到 1%。可只有后者这种罕见的同位素才能在普通的反应堆中发生裂变，而在经济上可回收的前提下，地壳中可供开采的铀矿也只有这么多。最常见的反应堆会使用“浓缩”铀，其中包括百分之几的 ^{235}U，但这种混合物本身无法保持连锁反应。因此反应堆会使用水或石墨等慢化剂来减缓裂变过程中释放的中子飞散的速度，提高进一步裂变反应发生的概率。反应堆中产生的热量用来生产蒸汽，蒸汽可以驱动涡轮机，涡轮机进而产生电力。

在增殖反应堆中，高含量的 ^{238}U 里有一些会被转化为钚同位素 ^{239}Pu，它可以代替 ^{235}U 作为裂变物质。裂变过程中释放的中子可以把少量的铀转化为钚。所以这种反应堆能同时产生新的燃料和能源。

在发达国家，核电满足了相当大一部分的能源需求。如此一来核电就可以替代一部分化石燃料（煤和石油）的燃烧，而化石燃料燃烧产生的二氧化碳正是造成全球气候恶化的原因之一。在一些国家，比如法国，核电量已经超过了总发电量的一半。同时，公众对核电安全性的担心也可以理解，毕竟核裂变产生的高辐射性废料必须被安全地限制起来存放多年。希望也还是有的，一些国家正在开发一些切实可行的解决方案来减少这些废料的危害。

目前有几种处理废料的方案，一些国家也正在研发一种革命性的反应堆来焚烧或者转化放射性废料，其中有一个想法是混合反应堆。早在20世纪90年代初人们就开始了相关研究，最先投入的是在美国的洛斯阿拉莫斯国家实验室和瑞士的欧洲核子研究中心。这需要把一个高能质子加速器连到一个次临界反应堆（没有足够的中子来保持连锁反应的反应堆）。质子与目标核碰撞产生中子，然后把半衰期极长的高放射性废料转化为短半衰期的低放射性废料。经过这个过程，预计最终的废料不会比最初从地下开采的天然铀矿更有害。在环境遭到不可挽回的破坏之前，如果我们能找到一个十全十美的解决方案，核能就会作为清洁能源代替化石燃料。

工业、环境和家庭应用中的核物理

放射性同位素在整个工业体系中都有应用。穿透性的 γ 射线就像加强版X射线，可以用来检测诸如球轴承和喷气式涡轮机叶片的损伤。放射性示踪剂允许特定的化学品穿过人体，这样的示踪技术在工业、生物科学和监测环境污染方面也有大量应用。

示踪技术的发明人乔治·德海韦西有一次拿放射性物质来测试餐厅的厨房问题。他听传言说，他最喜欢的一个餐厅的后厨会把客人吃剩下的牛排回收并磨碎或剁碎后重新使用。于是他点了一块牛排并向其中注射了一些低放射性同位素，然后把牛排留在了盘子里。第二天他又去点了碎牛肉，然而这盘碎牛肉让盖革计数器发出了响声，这是20世纪30年代示踪剂的一个经典应用。

而今在工业生产中被广泛应用的许多放射性同位素大都是不为人知的元素。例如镅、铯和锔等元素对采矿业来说至关重要，它们能帮助我们判断油井的钻探位置。镅是家用烟雾探测器中不可或缺的成分，也许因此更为人所知，见图**“家家户户的镅”**，我们也能用它来测量油漆中有毒铅的含量。工业用的放射性同位素还包括镉，我们利用它来分拣废金属和分析合金成分；锎在机场安检时可以用来检查行李中是否藏有爆炸物；氪存在于从洗衣机到咖啡壶的许多家用电器的指示灯里；除了这些还有氚，它是含有两个中子的氢同位素（氘只有一个中子），可以用来做自发光标志和油漆，也可以用来做手表里的自发光物。

许多反应堆是专为制造放射性同位素而设计的，放射性同位素不仅可以用于工业或科学研究，也可以用于教学。在图**“一个泳池式反应堆”**里我们可以看到利用水作慢化剂的反应堆正发出美丽的蓝光。

家家户户的镅

烟雾探测器工作的关键是极少量的镅同位素 ^{241}Am，它是反应堆的副产品。镅原子核发射出的 α 粒子会使空气电离，在两个电极之间产生极微小的电流。当烟雾渗透到两个电极之间，烟雾粒子会减小电离产生的电流，电流减小到一定程度就会触发警报。

一个泳池式反应堆

这个反应堆在葡萄牙的核技术研究所里。电离辐射穿过水时会发出美丽的蓝光（切连科夫辐射），水在这里的作用是让裂变过程中发射出的中子减速（水用作慢化剂），以便它们能够引起其他铀原子核进行裂变。像这样的反应堆有许多工业和科学用途。（图片由葡萄牙里斯本核技术研究所友情提供）

铀同位素也有许多用途，比如在种植牙和墙砖里就有它。钚同位素 ^{238}Pu 的半衰期约为 88 年，自从 1972 年以来它为许多航天器提供安全可靠的动力，其中包括卡西尼 – 惠更斯飞行任务里飞掠土星的探测器卡西尼号，见图**“为卡西尼号提供动力”**。

天文学中的核物理学

我们仰望夜空时看到的一切几乎都是核反应的结果。恒星之所以发光，就是因为在它们的中心正发生着核反应，但它们的核燃料并不是用不完的。我们在几十亿岁的恒星中检测到了短寿命元素锝，证明了这类元素确实是在恒星中

为卡西尼号提供动力

卡西尼号航天器于 1997 年发射，它花了 7 年时间到达土星及其卫星，直到 2011 年，在地球上仍能接收到它传回的数据。2010 年底，卡西尼号向地球传回了土卫六泰坦（土星的一颗卫星）上的甲烷暴雨图像。航天器上的设备的电力来自放射性衰变释放的能量。钚同位素 ^{238}Pu 以氧化钚的形式存放，并释放出足够的能量驱动放射性同位素热电发生器产生 870 瓦的电力。（图片由欧洲空间局提供）

产生的。

随着核聚变过程不断发生，氢元素转化为更重的元素并产生热量，恒星会经历一系列的变化，变化的速度取决于它们的质量大小。那些质量巨大的恒星在爆炸成为超新星之前会迅速消耗自身的核燃料。而像太阳这样质量较小的恒星在闪耀了几十亿年之后则会逐渐膨胀并冷却。这个阶段的它们被称为红巨星。当太阳成为红巨星时，它的外层大气将吞噬地球。

对我们人类的历史来说，红巨星也有重大意义。太阳系是由气体和尘埃凝聚而成的，这些气体和尘埃是由恒星爆炸时产生的余烬和早期的红巨星抛出的物质富集而成的。地球上的许多重元素，比如屋顶上会用的铅都是由这些红巨星在“慢过程”（s 过程）中产生的，在这个过程中的重元素原子核是通过缓慢吸收中子形成的，在第 9 章会有详细描述。特定的人造超铀核元素在研究火星表面的过程中有着至关重要的作用，在**“从医学到火星”**中对此有详细的解释。

图“**索杰纳号**”里是索杰纳号火星车登陆火星表面的照片，其中还放大了索杰纳号上搭载的 **α 粒子 X 射线光谱仪**，该仪器里有锔同位素 ^{244}Cm。

索杰纳号

在火星探路者号上看到的这张图像里有一个漫游机器人，它是索杰纳号火星车，它上面配备了一个 α 粒子 X 射线光谱仪，用于分析火星岩石中的元素。（图片由美国航天局、喷气推进实验室、彼得·史密斯友情提供）

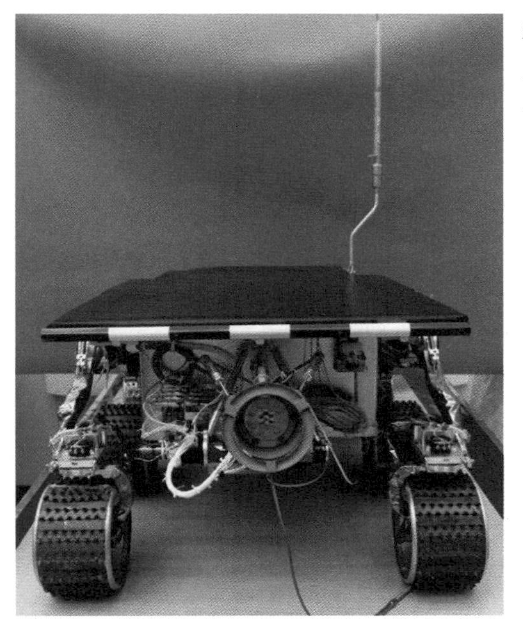

α 粒子 X 射线光谱仪

从这个角度可以清晰地看到索杰纳号上的 α 粒子 X 射线光谱仪。（美国航天局）

从医学到火星

火星表面会有哪些元素？一个活检样本中会有多少碳，有多少其他元素，这些元素在样本中又会如何分布？像这样的问题在医学、工业和行星探索中一直反复出现。

在现代技术的发展下，一个非常古老的想法重获新生。它可以追溯到α粒子散射实验，正是这个实验让卢瑟福了解到所有的原子都有一个原子核在中心。在实验中，我们会发射α粒子束到金属箔上，而有几个α粒子直接被金属箔反弹回来。盖格和马斯登使用的金属箔都是金属单质（纯金属），比如金。不过一个随机样本中可能会含有许多不同的元素。这样，我们就需要测量被反弹回来的α粒子有多大的能量，因为它反弹回来时携带的能量大小可以反映出把它们弹回来的原子核质量有多大。这就好比发射一个网球，它撞到足球后弹回来所携带的能量一定比撞到一个乒乓球后弹回来的大。那也就是说如果我们能测量到每个被反弹回来的α粒子所携带的精确的能量大小，再计算出反弹回来后具有特定能量大小的α粒子占总量的多少，我们就可以准确地说这个研究中的样本里有些什么元素和元素占的比例是多少。这种样本的研究方法叫作卢瑟福离子背散射谱法（RBS）。早在登月之前，人类就用过这个办法来测月球表面的元素含量。被带上月球的镅（^{241}Am）向月球表面放射出α粒子，反弹回来的α粒子而后被一一统计数量并按所携带的能量大小进行分类，这些数据最后被传回地球。

1997年，卢瑟福离子背散射谱法在名为索杰纳号的火星车上得到了应用，以便把火星表面元素构成的信息传回地球。这一次它只是索杰纳号火星车上应用的3种探测法中的一种，这3种方法都利用了由超铀元素锔^{244}Cm发射出的α粒子。岩石中像碳和氧这种较轻的元素会用到卢瑟福离子背散射谱法进行测量；对于像氟和硫这种稍重的元素则通过核反应方法进行分析，在核反应中，α粒子会被原子核吸收并释放出一个质子，只要测量出这个质子所携带的能量，就能知道放射出它的到底是哪种原子核了；第三种方法被称为粒子诱发X射线发射（PIXE），当α粒子撞到像铁这种更重的原子时，它们会把原子里的电子从轨道上击出，也就是说原子在从被干扰到稳定下来的过程中会发射出X射线，通过这些X射线我们就能识别对应的元素。有了卢瑟福离子背散射谱法、核反应和粒子诱发X射线发射的组合，索杰纳号火星车能够发回它在火星上遇到的岩石的元素成分的详细说明。

卢瑟福离子背散射谱法和粒子诱发X射线发射的仪器能回答这个问题：纳米级的粒子对我们的健康有害吗？纳米级氧化钛颗粒被广泛用于化妆品中，因为它们能有效地反射太阳的紫外线辐射。但是它们安全吗？纳米粒子是停留在我们的皮肤表面还是会穿过皮肤到达活细胞？普通的化学手段可以测量人体组织中任何元素的浓度，但必须破坏组织以测量，这些手段也并不能告诉我们这些元素在组织中的确切位置。然而，当卢瑟福离子背散射谱法和粒子诱发X射线发射协同运用时，它们甚至可以映射出不同元素在细胞内的位置。粒子诱发X射线发射可以定位像钛这种相对较重的元素，而卢瑟福离子背散射谱法可以测出同一样本中较轻的元素以绘出细胞结构。

粒子诱发X射线发射用的是非常细的核粒子束，聚焦精度可达几百万分之一米。在下面两张图片显示的案例中，研究人员用质子对涂有防晒霜的人体皮肤层进行了成像。

在左边的图片中，研究人员用卢瑟福离子背散射谱法发现的碳看到了细胞。右边的图片中彩色部分是检测到的钛元素的位置，这是由粒子诱发 X 射线发射用相同的粒子束显示出的图片。从右图可见，在最外层的皮肤下钛的含量少到无法被检测出。类似这样的研究表明化妆品或防晒霜中像纳米氧化钛颗粒之类的纳米材料对人类皮肤没有伤害。

在今天，卢瑟福离子背散射谱法在工业上有着广泛的应用。在现代微电子工艺中有许多非常薄的多层结构，要从中找到有损耗的部分，卢瑟福离子背散射谱法无疑是一种理想方法。利用现代核物理技术的方方面面，卢瑟福离子背散射谱法可以探测粒子并测量它们所携带的能量，同时对它们进行计数。远不仅仅是 α 粒子，粒子加速器还可以提供任意一种合适的粒子束，并分毫不差地把它们发射到待研究的样本上。

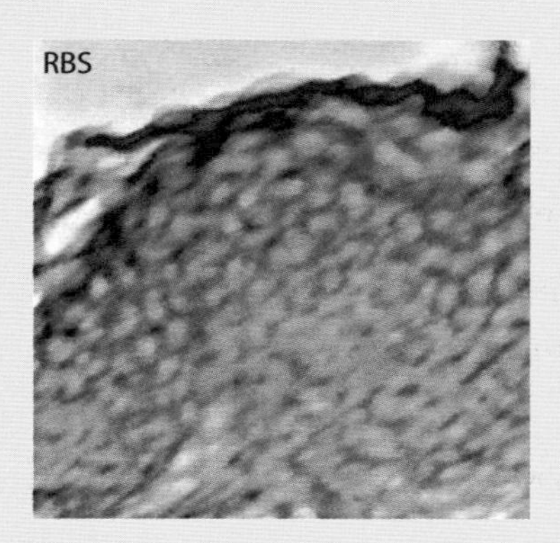

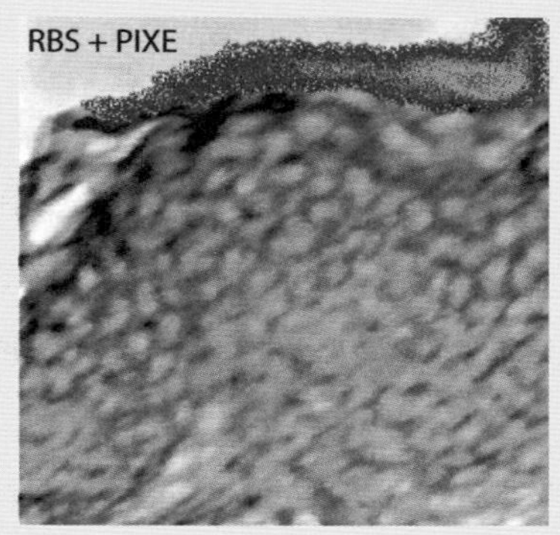

使用卢瑟福离子背散射谱法和粒子诱发 X 射线发射对皮肤细胞进行成像

（左图）黑色程度反映了碳元素的浓度。（右图）同样的皮肤样本，叠加上的颜色部分是用粒子诱发 X 射线发射看到的钛元素。这两张图片都来自里斯本的核技术研究所。

放射性活动和地球的历史

地球和太阳系中的其他部分是在大约 46 亿年前由恒星爆炸时喷出的星际物质形成的。在最初始的原子中，有一些是具有放射性的，比如铀。这些放射性原子对我们来说很重要，它们不仅可能是一种能源，也可能解答一些我们关于宇宙历史的疑问。比如我们怎么知道太阳系有大约 46 亿年的历史？你也许还听说过一些岩石有 5 亿年的历史，我们又是怎么知道的？这些疑问值得解答。

要想测算出一块古老岩石的年龄，甚至是测算出地球本身的年龄就要用到一种关键的测定法：放射性鉴年法。这种测定法之所以可行，是因为每一种放射性原子核的衰变都是有规律、可预测的。在第 3 章中我们看到每一种特定的原子核都有自己的半衰期（取任意一个样本，其中一种放射性原子核的一半发生衰变所需要的时间）。不同种类原子核的半衰期千差万别，甚至可以是数十亿年。有一些寿命极长的原子核在地球形成时就诞生了，我们正是从这些原子核里了解到地球悠久的历史。^{238}U 原子核的半衰期约为 45 亿年，这意味着到今天，大约有一半的 ^{238}U 的原子核已经衰变了。它们衰变的产物传递着一些信息。当 ^{238}U 的原子核衰变时，会放射出一个 α 粒子并衰变成一个钍同位素 ^{234}Th 的原子核。α 粒子迅速得到电子成为氦原子。铀逐渐凝固形成铀矿石，周围累积起来的氦就被锁在铀矿石中。正是靠着这点，在 1905 年左右，卢瑟福说他能知道他口袋里某块岩石的年龄，他的想法是将岩石进行加热，并测量释放出的氦气有多少。当然要想准确计算出岩石的年龄，他还必须考虑岩石中还剩下多少铀，这些铀的衰变速度如何。

卢瑟福的想法很快就被伯特伦·博尔特伍德等人付诸实践了。从那时起，放射性鉴年法就有了长足的进步，许多测算技术得到了发展。^{234}Th 的原子核本身会继续衰变，变成一种又一种的短寿命原子核，直到最终变成铅同位素 ^{206}Pb，到达稳定状态。^{206}Pb 并不是最常见的铅同位素，^{208}Pb 才是，而 ^{207}Pb 的丰度基本和 ^{206}Pb 差不多。在铅元素从老化的恒星中被抛出时，不同的铅同位素在地球上的比例就已经确定了。可有时我们会在一些铅含量应该很低的矿物中发现异常量的 ^{206}Pb，这些矿物含有铀元素。对 ^{206}Pb 和 ^{238}U 的含量进行仔细测算后，我们可以推算出这些矿物固化结晶的准确日期。对于较“年轻”的岩石，铀元素还提供了另一种定年法，即利用 ^{235}U 定年。较为罕见的铀同位素 ^{235}U 比 ^{238}U 衰变得快得多，它的半衰期“只有”约 7 亿年，它的最终产物为铅同位素 ^{207}Pb。如果一块岩石只有几千岁或者几百万岁的寿命，而不是几十亿岁，那么要对它进行定年最好用半衰期较短的同位素，而这些同位素足以测定一个很大的日期范围。有一种定年法用的同位素的寿命很短，就是碳定年法，它定年的原理基于 ^{14}C 的衰变和在本章已经提到的一些理论。^{14}C 的半衰期约为 5 700 年，它不能用来确定一个超过 60 000 岁物体的年龄，这是因为在经历 10 个半衰期之后，^{14}C 衰变剩下的东西实在太少，无法准确测定。

最古老的岩石?

在 2010 年 8 月发表的一项研究里，根据 ^{206}Pb、^{207}Pb 和 ^{204}Pb 的测定结果，以及氦同位素、钕同位素和铅同位素的含量来看，有一些岩石几乎和地球一样老，约 45 亿岁。这些岩石来自加拿大巴芬岛，是从地球内部喷射出来的。因此，如果这些石头的年龄得到了证实，那么这一结果会刷新我们对地球内部的认知。

创造历史

放射性岩石不仅可以帮助我们了解地球的历史，也帮忙创造了地球的历史。从卢瑟福和居里夫妇所在的那个年代开始，人们就对放射性感到困惑。一些像铀这样的强放射性物质，即使是再小的样本也会释放出大量能量，这是放射性最早期的谜题之一。在本章前面的内容里，我们看到钚同位素 ^{238}Pu（半衰期约 88 年）释放的能量为卡西尼号航天器提供了动力。铀元素的半衰期很长，我们拿在手里不会感觉它很热，因为在每一个时刻都只有极小部分的原子核在衰变。而如果铀元素的体积大到像地球这样的话，热能只能以非常缓慢的速度逸出。于是我们看到铀和钾同位素 ^{40}K 的放射性衰变所释放的能量仍然让地球内部呈现高温，其总功率大约相当于 30 000 000 000 个 1 000 瓦的电子散热器的功率。这些能量帮忙保持了地幔（厚度约为 2890 千米，处于地核与薄薄的地壳之间）的温度。地幔内的热驱动对流使大陆板块移动，如果没有大陆漂移，就很可能不会进化出高级生命。也就是说，如果没有地球深处的放射性活动，我们人类就不会在地球上出现。

第 8 章　原子核的结构

从氢到中子星

在第 6 章中，我们提出了一些基本的问题：什么样的原子核可以存在？哪些原子核是稳定的，哪些具有放射性？我们发现了一个非同寻常的规律——能谷，它可以给这些问题提供一个概括性的答案。根据一个原子核在能谷上的位置，我们可以判断它是否可能存在，是否稳定，如果不稳定它又会如何衰变。我们还能计算从它身上可以获得多少能量。可为什么会有这样一个刚好有这些特定属性的能谷存在？要回答这个问题，我们就必须深入研究原子核的结构。原子核的结构取决于控制着质子和中子的特性，以及它们之间相互作用力性质的量子理论。如果用建筑学来比喻，核子是砖，核子间的作用力，即核力就是砂浆，而各个角色都严格按照量子理论的规则行事。

质子和中子之间的相互作用力

将核子固定在一起的力与日常世界中的任何力都不一样。核力只在极小的距离范围内起作用，这个距离范围实在太小，小到在重原子核（比如像有 208 个核子的铅原子核）一侧的核子都无法感觉到另一侧核子的存在，见图**“有效距离”**。核力的作用范围约为 2 飞米，而铅原子核的直径约为 13 飞米（1 飞米 =10^{-15} 米，一个原子的直径通常为 100 000 飞米）。核子之间的核力作用范围较小，这对能谷的形状有很大影响。

有效距离

核子 A 与核子 C 之间的作用力是强引力。可核子 D 离核子 A 太近了，它会被核子 A 排斥，而原子核另一边的核子 B 则在 A 的作用力范围之外。

核力的作用范围小可以从两个相互作用的

核子之间的“核力载体”身份交换来解释。我们已经知道核子利用贷出的能量可以产生 π 介子，两个核子交换 π 介子会产生核力。这个力的作用范围一定很小，因为大自然很快就会收回贷出的能量，所以 π 介子只能“走”很短的距离。磁力的作用范围会更大，因为它是由质量较小的光子的交换产生的。大自然允许光子无限期地借贷能量。

核力比自然界中的其他力强得多。原子核里这些把核子聚集在一起的能量要比那些把原子和分子聚集在一起的能量大 100 万倍，一部分原因就是核力的作用。所以从一定质量的铀中提取的核能要比从相同质量的煤中提取的化学能多 100 万倍。

核子之间的作用力也非常复杂，本书仅仅在此进行一些简略的介绍，并不对其进行深入探讨。例如，核力的强度取决于两个相互作用的核子的相对旋转，这两个核子是同一类型的核子（两个质子或两个中子）还是一个质子和一个中子，也会对核力的强度有影响。

这种力没有强到足以把两个中子或两个质子结合在一起，但足以将一个质子和一个中子结合在一起形成一个氘核。两个质子之间的力与两个中子之间的力是基本一样的，只是两个质子之间还有静电斥力。但两个质子靠得很近时，静电斥力会远小于核力，因而可以忽略不计。但对于在一个大原子核两侧的两个质子来说，这种静电斥力就不可忽略了。两个核子之间的力还有另一个特点，在距离短到 0.5 飞米左右时，它从引力变为斥力。因此，两个核子在一般条件下不能在原子核里重叠。

核力极其微妙地平衡着，只要比原来再强百分之几，两个质子（或两个中子）就能结合在一起。仅由两个质子组成的原子核并不存在，但如果它们存在，所有的氢就都会在大爆炸中被消耗掉，不会有任何残余的氢为恒星（包括太阳在内）提供动力。这样一来，生命就不可能在地球上进化出来。另外，如果核力比原来弱百分之几，氘核就不能形成。太阳的大部分能量来自一个以氘的形成为起点的过程，所以如果发生这种情况，生命也不会在地球上进化出来。若上述任何一种情况发生，大爆炸后期产生的元素都会与实际情况有很大的不同。

量子理论至上

根据量子理论，一个质子或一个中子在原子核中并没有特定的位置，质子或中子之于原子核的关系，并不像一块砖头在房子里总有一个固定的位置一样。每个质子和中子都有一定的概率出现在特定的地方，而这可能是原子核内的任何地方。正如核子的波函数所显示的那样，一个核子出现在不同位置的概率有明显的大小差异。核子在任何特定地方被发现的可能性可以利用数学公式计算得出。这个数学公式描述了一个轨道，它类似原子中的电子轨道，并不像行星的轨道。人们已经很难想象电子在原子核周围模糊不清的轨道上的样子，而核子在拥挤的原子核中的运动方式更难以想象。我们可以用电子散射实验来绘制出质子可能在轨道上出现的位置。在图“**一个质子轨道**”中我们看到，铅原子核中的第 82 个质子很可能位于原子核的中心，或者位于距离原子核中心更远的两个同心环中。

核子轨道有一个有趣的特性：一个特定的轨道在空间中的分布越少，核子的运动能量（也就是动能）就越大。这是海森伯**不确定性原理**的体现：即使非常强大的核力把核子拉到自己身边，原子核也不会坍缩成点。如果两个核子之间的距离非常短，那么它们之间的核力会使它们互相排斥，这使得核子不可能成为聚合的点；而如果没有不确定性原理，核子肯定会小很多。

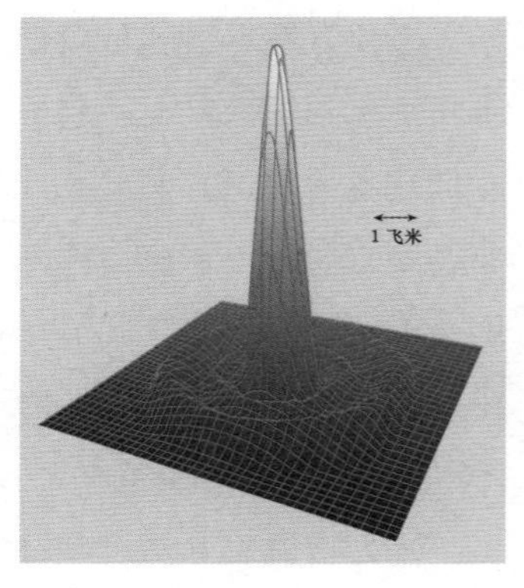

一个质子轨道

这个来自电子散射实验的非常尖锐的峰表明，铅中的第 82 个质子最有可能在原子核的中心周围。外面的圆环表明在距离原子核中心约 4 飞米和约 7 飞米的地方也可以找到这个质子。在大多数情况下，原子核中的最后一个质子没有这么大的概率在原子核的中心。

为了进一步了解不确定性原理的内涵，我们可以想象一下如何使一个核子变小。在这种情况下，每个轨道必须更加紧凑，以符合质子所处的较小空间。不确定性原理阻止了这种情况的发生：在较小的体积中，核子的动能变得更大，这意味着需要向原子核里添加额外的能量以使其变小。因此，核子是高度不可压缩的。

具有特定数量核子的原子核的实际大小就是核力把核子拉在一起和不确定性原理将它们分开这两件事平衡的结果。

不确定性原理使得粒子的能量随着粒子被束缚的体积变小而变大，原因如下：使粒子被束缚的体积变小，就会降低其位置的不确定性，这仅仅是因为粒子是在一个更加封闭的空间中。位置的不确定性越小，动量的不确定性就越大。动量不确定性的增大使平均动量必须增加，从而导致粒子能量的增加。

还有两个因素与不确定性原理一起决定了原子核的大小。一个是当核子非常接近时，核力就会变成斥力。另一个是被称为泡利不相容原理的量子理论，这个理论决定了只有两个质子和两个中子可以占据一个量子轨道，这是因为这两个质子（或者中子）的自旋角动量有两个可能的方向。

核子的每个轨道都必须遵守不确定性原理，但有些轨道比其他轨道更紧凑。核子优先落入最内部、最紧凑，并且未被填充的轨道。新添加到原子核里的核子会逐渐填充外围的轨道，使原子核变大。原子核以这样的方式增大体积，它的中心密度始终接近所有原子核中心的特征密度。在这一点上，原子核与原子大相径庭，后者的大小总是大致相同的。在原子中，所有的电子轨道随着电子的加入而变小。这是因为只有原子核拥有更多的质子时，整个原子才能够容纳更多的电子，而这种额外的正电荷会将所有的电子轨道向内吸引，在原子核的中心则没有任何像质子一样可以拉动核子轨道的东西。

两个对比鲜明的模型

我们已经介绍了核子两种完全不同的行为方式。一方面，原子核深处的质子和中子位于轨道中，就像原子中的电子一样；但另一方面，原子核在许多方面的表现说明它们是由不可压缩的流体组成的。除了最轻的原子核外，所有原子核的密度基本相同，就像所有的水滴都具有相同的密度一样。如果核子是如此紧密地挤在一起，就很难想象出它们怎么可能同时在原子核里运动，水分子绝对不会在水滴中以简单的轨道运行。

能谷反映了这两个截然不同的图景。首先，它大体上是一个平滑结构，可以用 3 条曲线来概括：能谷的底部曲线；能量抛物线；以及在塞格雷图中重原子核处，随着中子数 N 变得大于原子序数 Z，黑色方块连成的曲线。其次，在基

玛丽亚·格佩特-梅耶（1906—1972）与瑞典国王在1963年诺贝尔物理学奖的颁奖仪式上，她和延森共同获得了诺贝尔物理学奖。

本平滑的山谷里也有一些小沟穿过，这些沟在幻数线的位置上。事实证明，幻数是核子位于量子轨道的标志。这是**玛丽亚·格佩特-梅耶**和延森的伟大发现，他们因此获得了1963年的诺贝尔物理学奖。在他们从事研究工作的年代，普遍的观点是原子核类似于液滴，而且它的一些特性确实可以通过这种原子核模型来解释。

那么，原子核是像液滴还是像带有核子轨道的微型太阳系？答案是原子核并不像这两者中的任何一个，但有点像两者的结合。这可能看起来很矛盾，但我们对原子核的想象是根据我们在可观测世界里积累的经验形成的，而量子世界非常不同。20世纪50年代和60年代，在许多人的贡献下，一个统一的原子核理论就此形成，它指出一个原子核既有外壳又有与液滴类似的性质。

一滴核物质

想一下能谷底部的曲线性质，从最轻的稳定原子核开始往右，能谷底首先向下倾斜，直到在铁和镍附近它达到最低点，然后随着原子核越来越重又慢慢向上升。这种表现整体上可以用每个核子受到的平均作用力来解释，见图**"能谷的底部曲线"**。

核力的短作用距离意味着，在任何原子核中，相比原子核深处的核子，表面的核子"感受"到的来自其他核子的引力要小。在较轻的原子核中，有更多的核子靠近表面，因此，总体而言，这些原子核里核子的紧密程度比重原子核的核子小，见图**"相邻核子的吸引"**。

相邻核子的吸引

在原子核深处的核子会"感受"到周围核子的引力，就像它们与其他核子有纽带相连一样，我们称这个纽带为键。位于原子核表面的核子的键数量较少，这就会带来一个结果：对于核子较少的原子核，因为它的核子大多数都在原子核表面，每个核子的键数量就少得多。

另一种描述这种现象的说法是，轻核有一

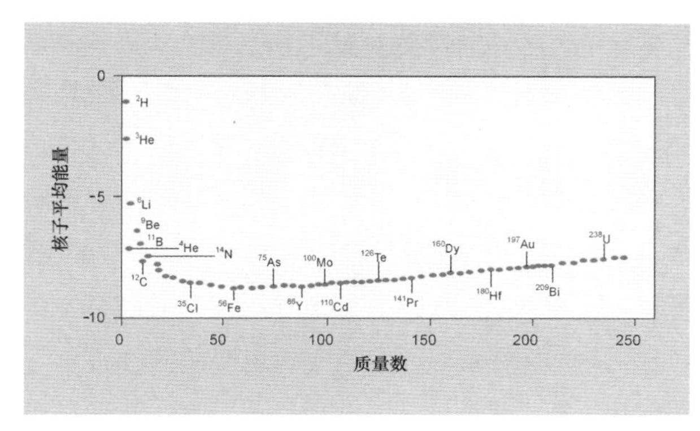

能谷的底部曲线

此图显示了一些特定原子核在能谷底部的位置。图中点的高度代表核子平均能量。铁（Fe）元素附近是能谷底部的最低点，氢（H）等轻元素附近是能谷底部的最高点，比铁重的元素核子平均能量随质量数的增加逐渐增大。能谷的形状解释了为什么轻核聚变和重核裂变都会释放能量。

种额外的能量叫作表面能，表面能使核子的结合更弱。如果不是因为表面能之类的额外的影响，所有液滴状的核子都会有相同的核子平均能量，而表面能对那些最轻的原子核来说是很大的，这让它们不太稳定。这个现象反映在谷底陡峭的向上升起的轻元素区域。

由于质子之间的静电斥力的作用，重原子核的能量会缓慢增加，稳定性缓慢下降。虽然静电斥力比核力弱得多，但其较大的作用范围使它在较大的原子核里很重要。原子核中的每个质子都只能受到其邻近核子产生的吸引核力，但它能受原子核中其他所有质子对它的静电斥力。因此，静电斥力随着质子数量的增加而增加，也就是说原子核随着原子序数 Z 的增加而结合得越来越不紧密。

质子之间的静电斥力也影响着能谷的其他特征。想一下能量抛物线：具有相同质子和中子总数的一系列原子核的能量所组成的抛物线。在图**“能量抛物线”**中的例子是质量数为 137 的一系列原子核。对于重原子核来说，在总数一定的情况下，只有中子比质子多得多的原子核才是能量最低（最稳定的核）的。在量子力学中，如果质子之间不会互相排斥，那么能量最低的原子核应该是质子和中子数量相等的原子核，这时，如果质子和中子的数量不相等，能量会迅速增加。质子之间的静电斥力影响巨大：它增加了所有核子的最低能量，而对于质子大量过剩的原子核来说，增加的幅度会变得更大。因此，能量最低处出现在中子多于质子的原子核中，从图**“谷底移位”**中我们可以看出。静电斥力的影响对于较重的原子核来说更大，因为它们有更多互相排斥的质子。

核力的性质和量子理论解释了能谷为什么有这样一个形状：它远离了对角

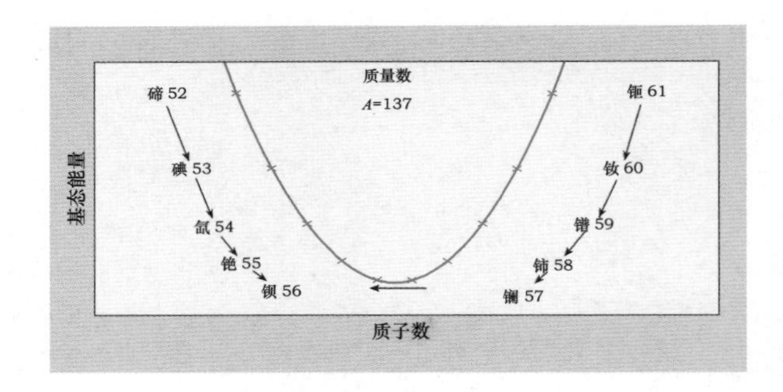

能量抛物线

从谷底往上走，在核子数量固定时，能量随着质子数和中子数的变化而增加，在这个例子中质量数是 137。元素名称的后面是对应的质子数，但所有元素的质量数都是 137，如 ^{137}Te、^{137}I 等。

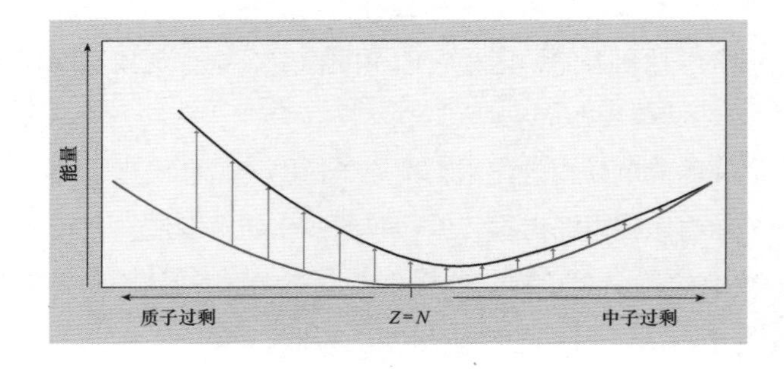

谷底移位

如果质子之间没有静电斥力，那么在质量数一定时，原子序数 Z 与中子数量 N 相同时原子核具有的能量最小。最稳定的原子核有相同数量的质子和中子，如绿线所示。对于质子数少于 20 的原子核来说，这个规律在大部分情况下都是成立的。在质子过剩的原子核里会有额外的能量，由竖直的红线表示。这是由所有质子之间的静电斥力导致的，质子过剩越多，额外的能量越多。原子核的总能量由蓝线表示，在其最低点，中子比质子多。这就是重原子核的中子比质子多的原因。

线 $N=Z$ 的位置，向中子更多的一侧弯曲，往重原子核的方向谷底缓慢上升。

关于核子轨道的更多信息

把原子核看作一滴核物质是片面的。这样的模型无法解释在出现幻数的地方会有穿越能谷的沟。要理解沟的存在，我们要想象原子核是由在轨道上不断运动的一系列核子构成的。

一个家喻户晓的轨道系统就是太阳系。在太阳系中，行星围绕着太阳运行。然而，原子核里的情况与太阳系的情况是非常不同的。首先，原子核里没有像太阳那样质量巨大的中心物把核子“固定”在轨道上。每个核子受到的力是其他核子产生的合力。其次，质子和中子存在于量子理论至上的微观世界中。根据量子理论我们不能说一个质子或中子“在”某个特定的地方，而这对于行星来说是理所当然的。我们只能说在某一特定时刻，在某一特定地点找到一个核子的概率有多大。在核子的世界里与行星轨道等价的是量子轨道，量子轨道可以由一个波函数描述。如果我们要去测定一个核子的位置，用这个波函数我们可以预测它可能在哪里。

有一件至关重要的事情，每个轨道上不能有超过两个质子或中子。轨道会被“占满”的概念是幻数产生的关键。就像氢原子电子轨道上的电子具有特定的能量一样，每个原子核质子轨道上的质子也具有特定的能量，中子的情况也是如此。这意味着一系列具有类似能量的核子轨道组成“壳层”。每个壳层都有一定数量的可用轨道，其数量由量子理论决定。当一个壳的所有轨道都被占满时，我们称此时的壳层为闭壳层。例如，锡同位素 ^{132}Sn 有 50 个质子和 82 个中子，它的原子核就有质子和中子的闭壳层，最后一个中子闭壳层里有 32 个中子。

这样一来，当我们要添加质子到一个原子核里时，质子会依次一个壳层一个壳层地去填充到轨道上。当原子核里所有壳层中的轨道都被占满时，它就特别稳定，并具有比其他情况下更低的能量。此时相应的质子数就是一个幻数，具有这个数量质子的原子核能量将低于附近原子核具有的能量，这样的原子核也就会位于穿越能谷的沟中。例如，28 和 50 是两个连续的幻数，那么第 29 个质子一定会在一个新壳层上，添加到第 50 个质子的时候这个壳层就会被填满，它一共可以容纳 50−28=22 个粒子。也就是说，它是一个可以容纳 22 个质子的一组轨道。

中子幻数以完全相同的方式产生，唯一的区别是较重的原子核的中子轨道更容易被填满，因为它们不会受到静电斥力。例如，特别稳定的铅同位素 ^{208}Pb 有幻数 82 个质子和幻数 126 个中子。原子也有非常类似的规律，当一组电子轨道中的所有位置都被填满时，这个原子也会特别稳定。这些元素是稀有或“贵

周期 \ 族	1	2	3	4	5	6	7	8	9	10	11	12	13	14	15	16	17	18
1	1 H																	2 He
2	3 Li	4 Be											5 B	6 C	7 N	8 O	9 F	10 Ne
3	11 Na	12 Mg											13 Al	14 Si	15 P	16 S	17 Cl	18 Ar
4	19 K	20 Ca	21 Sc	22 Ti	23 V	24 Cr	25 Mn	26 Fe	27 Co	28 Ni	29 Cu	30 Zn	31 Ga	32 Ge	33 As	34 Se	35 Br	36 Kr
5	37 Rb	38 Sr	39 Y	40 Zr	41 Nb	42 Mo	43 Tc	44 Ru	45 Rh	46 Pd	47 Ag	48 Cd	49 In	50 Sn	51 Sb	52 Te	53 I	54 Xe
6	55 Cs	56 Ba	71 Lu	72 Hf	73 Ta	74 W	75 Re	76 Os	77 Ir	78 Pt	79 Au	80 Hg	81 Ti	82 Pb	83 Bi	84 Po	85 At	86 Rn
7	87 Fr	88 Ra	103 Lr	104 Rf	105 Db	106 Sg	107 Bh	108 Hs	109 Mt	110 Ds	111 Rg	112 Cn	113	114	115	116	117	118
			57 La	58 Ce	59 Pr	60 Nd	61 Pm	62 Sm	63 Eu	64 Gd	65 Tb	66 Dy	67 Ho	68 Er	69 Tm	70 Yb		
			89 Ac	90 Th	91 Pa	92 U	93 Np	94 Pu	95 Am	96 Cm	97 Bk	98 Cf	99 Es	100 Fm	101 Md	102 No		

元素周期表

元素的化学性质有周期性的表现。比如元素周期表最右边的元素氦（He）、氖（Ne）、氩（Ar）、氪（Kr）、氙（Xe）和氡（Rn），都是稀有气体。它们特别稳定，难以与其他元素形成化合物。这是因为它们的原子有着饱满的电子数。

族”气体，如氖和氩，见图**“元素周期表”**。

在远离稳定谷底的原子核上，幻数规律似乎开始被打破。新的加速器和技术让我们能够研究具有大量过剩中子的“短命”原子核。于是我们看到，在这些远离谷底的原子核上，幻数 20 被 16 取代，具有 8 个质子和 16 个中子的 ^{24}O 就像有两个闭壳层。

重新审视原子核的形状

液滴更倾向于呈球形。这一点可以从空间站传回的水滴在无重力环境中飘浮的视频片段里看出来。对于水滴和原子核来说，其表面的粒子比内部的粒子受到的来自其他粒子的引力更小。因此，让表面积最小化从能量的角度来看最有利，而球体在一定体积下具有最小的表面积。根据这一点，原子核也应该是球形的。

然而，许多原子核都不是球形的，这是由核子轨道造成的。前文提到的幻数，如 2、8、20、28、50、82 和 126 只适用于球形的原子核。研究发现，还有其他一些“半幻数”约束着非球形的原子核（被称为变形核）。出现这种情况是因为有着特定中子数的原子核，它最后几个中子的轨道是自然变形的。例如，中子数为 86 的钐同位素 ^{148}Sm 是典型的球形原子核，但中子数为 90 的同位素 ^{152}Sm 则是长椭球形，也就是说，它的轨道会像橄榄球或美式足球一样变形。

当原子核整体变形时，其轨道的能量会减少。因此，具有特定中子数（或质子数）的长椭球形原子核其能量比其他情况下要少，这样的原子核倾向于呈非球形。半幻数对能谷的影响没有球形原子核的幻数对能谷的影响那么大，但它足以使许多原子核在变形时处于最稳定的状态。

球形原子核的幻数是被明确定义的，所以 30、52 或 80 绝非幻数，但是 28、50 和 82 是幻数。90 是一系列新的中子幻数的起点，具有这些中子数的原子核是变形核。质子数为 90（钍）的原子核也会有变形。钍原子核、铀（$Z=92$）原子核和钚（$Z=94$）原子核，这些与核裂变高度相关的原子核都是变形的。这种变形即使对上述元素最稳定的同位素而言，也会让一些核子在裂变的道路上起步。

一个变形的核子是可以旋转的，于是第 4 章描述的超级变形核会存在。当一个原子核旋转得非常快时，其核子因此受到的离心力降低了特定的高度非球形轨道的能量。这导致原子核被拉伸成超级变形核。

重新审视核裂变

原子核原有两种模型，一种说原子核是核物质液滴，另一种说原子核里有核子在轨道上运动，如今这两种模型被认为是相辅相成的，它们一起组成了一种更加全面的模型。两种模型在特定情况下都提供了有用的解释，它们在描述核裂变时都发挥了各自的作用。

一个自然变形的铀原子核最外层的质子和中子轨道能量更低。如果铀原子核是球形或变形更严重时，它具有的能量会更高。不同形状下原子核具有的能量是可以计算出来的。

当原子核轻微变形为长椭球形时所具有的能量最低，铀原子核被发现时就处于这种变形状态。要把铀原子核拉伸到比其自然变形程度更大就需要大量的能量。需要的能量可以看作一个能量“山丘”。一旦越过这个山丘，原子核具有的能量就会迅速减少。所以说一个原子核的变形程度大到刚好到能量山丘顶部时，它就会分成两个部分。

一个部分中的核子将不再受到另一个部分中核子的引力，但它们仍然能受到另一个部分中由质子所带电荷产生的斥力。因此这两个部分会被巨大的力量推开。两个部分的原子核内的总能量比原来的核子少，这意味着很大一部分能量被释放出来了。这些能量为两个部分提供动能，这两个邻近的原子核发生激烈的相互作用。如此一来，原本的原子核内部核子的能量最终成为两个原子进行随机运动的能量（或热量）。

这个核裂变模型唯一的问题是，原子核没有足够的能量到达能量山丘的顶部。量子力学在这里为核裂变的发生提供了一种方法，在小概率下，核子可能隧穿过能量山丘，从而进行自发裂变。正如乔治·伽莫夫所展示的那样，这也就是α粒子在α衰变时从原子核中隧穿出来的过程。有时来自原子核外的能量更容易让原子核发生裂变。这就是 ^{235}U 的原子核吸收一个中子时发生的情况。传入的中子使产生的 ^{236}U 的“复合核”处于激发态，额外的能量使其能够克服阻碍裂变发生的势垒。

中子星：最大的原子核

在我们对原子核的描述中，自然界的一种力量被我们完全忽略了，那就是万有引力。因为它只有静电斥力的$\frac{1}{10^{40}}$，对核子的结合几乎完全没有任何可测量的贡献。然而，万有引力对我们很重要，因为有它我们才不需要用绳索把自己拴在地球上。

引力与电磁力的不同之处在于，引力不存在“同种电荷”与“不同种电荷”的说法：万事万物都有引力，不存在斥力。尽管电磁力比引力强大得多，但在宏观尺度上，我们周围的一切事物几乎都是中性的，因此电磁力大多不被我们注意。当从一些自然过程分离出一点正负电荷时，它们往往会经历相当强烈的过程重新组合在一起，一个典型的例子是闪电。

尽管引力很弱，但宇宙中确实存在引力发挥关键作用的“核”系统：中子星。当一颗质量是太阳数倍的巨大恒星走到生命的尽头时，它会经历一次剧烈的爆炸，成为一颗超新星，它发出的短暂光芒就像整个星系一样耀眼。如果条件合适，超新星爆发后就会留下一个直径为 10 ～ 15 千米（相当于一个城市的大小）但质量至少是太阳的 1.44 倍的紧凑物体。它主要由中子组成；而位于恒星中心的质子在爆炸的压力下与电子结合，形成中子和中微子。中子形成中子星保留下来。大量的中微子以光速在宇宙中四散开来。中微子物质的相互作用很弱，但在地球上的地下探测器（如日本的神冈核子衰变实验）还是会探测到少数中微子，见图“**超新星中微子**”。

令人惊讶的是，也许我们可以直接根据原子核内“核物质”的特性去了解中子星的许多特性。这是一个大胆的推断，因为最大的原子核只有大约 300 个核子。而中子星内的万有引力使其能拥有的核子约为原子核内核子数的 1×10^{53} 倍，其中大部分核子是中子。非同凡响的是从能谷的形状推出的理论可以沿用到对中子星的研究上。

一个关键的性质是核物质很难被压缩。在一个直径为 10 千米而质量大于太阳的物体中心，由于引力作用产生的压力会非常大。尽管存在着这样的压力，中子星的平均密度还是只比原子核的密度大一些，大约是水的 1×10^{15} 倍。只有在最中心的地方，压力才使中子星的密度是普通原子核密度的 3 ～ 4 倍，见图“**热而密集的核物质**”。2010 年 10 月，人们发现了一颗质量是太阳两倍的中子星。这是迄今为止发现的质量最大的中子星，而且它的质量很可能已经接近极限，因为更大的质量会导致黑洞的形成。（译者注：2019 年，天文学家发现了一颗质量约为太阳 2.17 倍的脉冲星，并将其命名为 J0740+6620，这是截至 2022 年已知质量最大的中子星。）

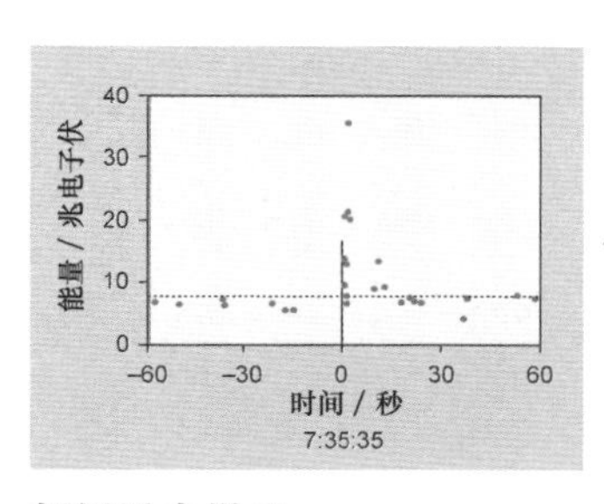

超新星中微子

来自超新星 SN1987A 的中微子脉冲按预测到达了日本神冈核子衰变实验观测站地下的中微子探测器。把这颗超新星命名为 1987A 是因为它是 1987 年观测到的第一颗超新星。这次超新星爆发后留下的中子星还没有被观测到，要么是因为它被尘埃掩盖了，要么是因为它变成了一个黑洞。（译者注：2019 年，天文学家宣布，已发现这颗中子星存在的证据。）

中子星有时是双星系统中普通恒星的伴星，许多恒星实际上是双星系统里的一颗，在双星系统中，两颗星球围绕其共同的质心旋转。有时，来自普通恒星的物质会落在中子星的表面上，结果会极为壮观，如图“**中子星上的爆炸**”

所示。释放出的巨大能量会产生大量的X射线。X射线望远镜所发现的许多射线源都是类似的爆炸。

虽然我们对中子星的一般特性已经有了相当的了解，但仍有许多有趣的问题在等待我们探索。要全面了解中子星就需要对核物质在高温高压下的行为状态有更详细的了解。人类对中子星的好奇作为一个强大的动力驱使着许多实验在粒子加速器实验室中进行，如美国的相对论重离子对撞机和现在的欧洲核子研究中心进行的实验的大型强子对撞机。在这些实验中，高能量的重原子核互相撞击，在粉碎的短暂瞬间里，可以部分重现使中子星诞生的爆炸和中子星上的情况。

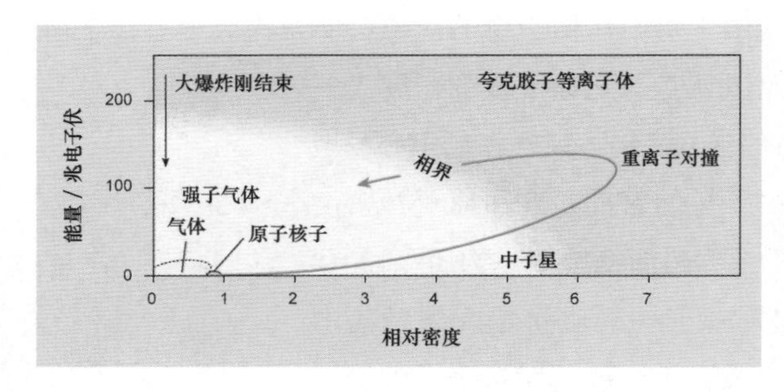

热而密集的核物质

所有原子核的密度是基本相同的。除非它们在原子对撞时被加热，否则它们是“冷”的。但是核物质在中子星中可以继续被压缩，并在超新星爆发过程中被加热。宇宙大爆炸产生的热量是不可估量的，核物质在当时变成了夸克胶子等离子体，这是核物质的另一个状态，就好比冰和蒸汽是水的不同状态一样。在重原子核以极高的能量碰撞时，核物质会沿着绿线表示的路径变化。这个过程会把它带到夸克胶子等离子体的状态。

中子星上的爆炸

这一系列图片是人们对中子星上罕见爆炸的艺术再现，中子星是一颗大质量恒星死去后留下的核。中子星的强大引力将气体从附近的伴星（图片 1 中的蓝色球体）拉过来。这些气体在流向中子星的过程中形成了一个圆盘，就像水被倒入下水道时一样（图片 2 中的红色区域）。由于中子星的质量与太阳相当，而体积被压缩成一个直径只有约 16 千米的球体的体积，所以它的密度大得惊人。这给了这颗恒星巨大的引力，大约是地球表面引力的 30 万倍。当气体在中子星的表面堆积时，气体会受到压力。最终中子星表面气体的压力和热量变得非常高，导致一次剧烈的核聚变爆炸。爆炸使气体形成的圆盘变形、变亮（图片 3 和 4）。图 5 中是爆炸前中子星表面的详细情况，而图 6 是中子星表面发生爆炸时它可能的样子。这两颗恒星的实际相对轨道运动相当复杂，为了集中展示爆炸的细节，这里对其进行了简化。（美国航天局、达娜・贝里）

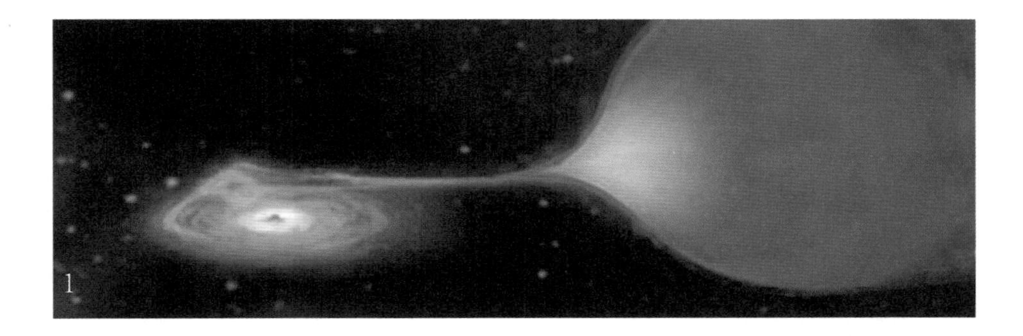

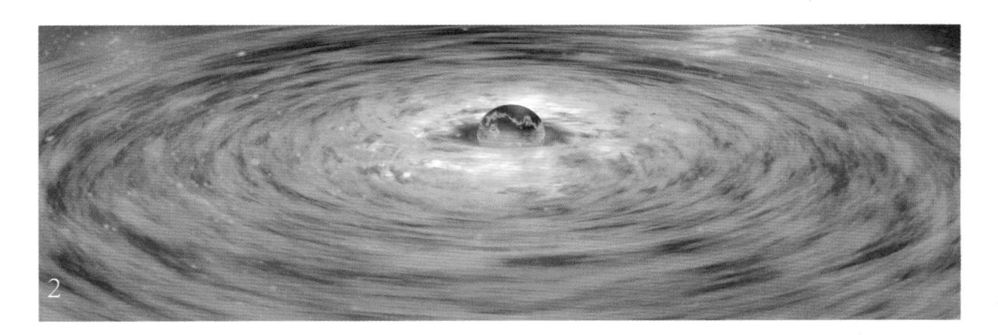

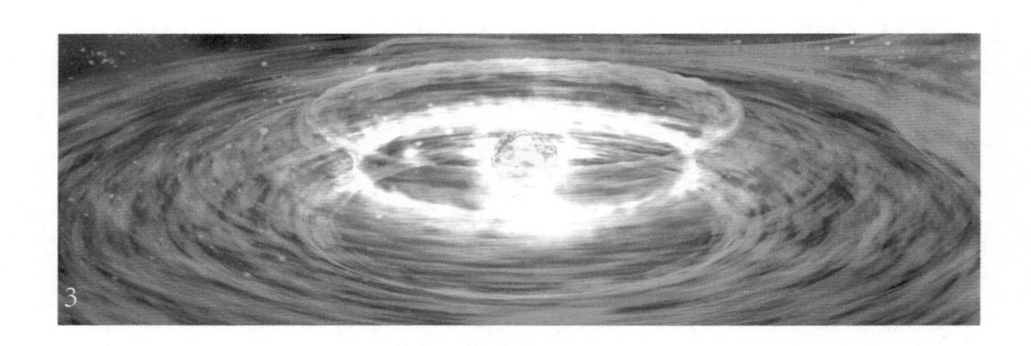
3

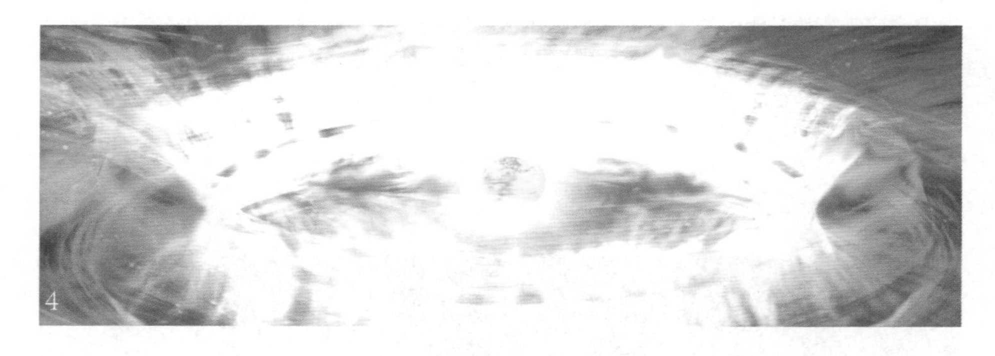
4

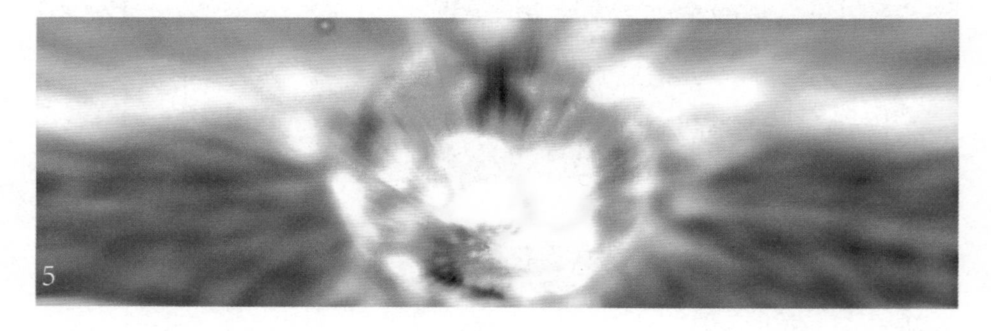
5

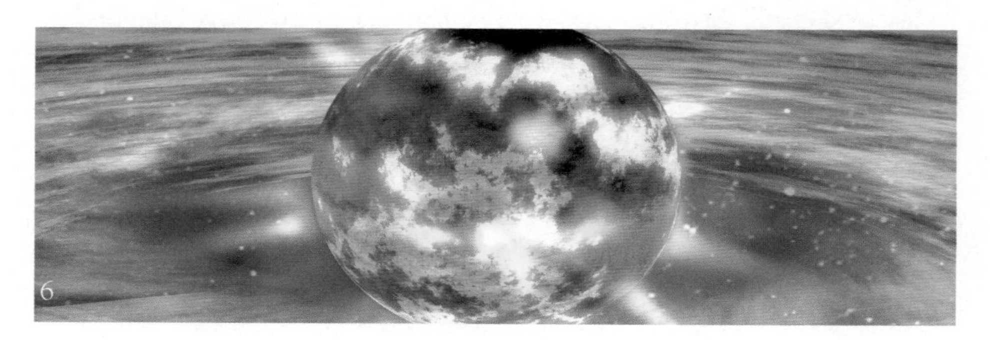
6

中子星的发现——乔斯琳·贝尔·伯内尔

乔斯琳·贝尔·伯内尔和英国剑桥射电望远镜。（图文由乔斯琳·贝尔·伯内尔友情提供）

20 世纪 60 年代末，人们发现类星体（准恒星射电源）是非常遥远的发光物体，研究类星体可以了解宇宙早期阶段的状态。为了发现更多的类星体，英国剑桥大学开始对天空进行射电观测。为该项目专门建造的射电望远镜占地约 20 000 平方米，由 2 048 个偶极子组成，工作频率为 81.5 兆赫。天空被反复观测，每次扫描持续 4 天，其结果被记录在 120 米长的纸质图表上（当时没有计算机）。作为这个项目的研究生，我负责中子星的运行调查和分析纸质图表。

有一次，在这 120 米的图表上，有大约 0.5 厘米长的信号让我感到困惑。它看起来并不像类星体，也不像本地产生的无线电干扰，因为干扰会间歇性地淹没微弱的宇宙射电信号。这个奇怪的信号非常微弱，不经常出现，并随着星星在天空中移动。

就在我把注意力集中在它身上的时候，它减弱了，降到了我们无法探测的水平。这一个月来，我一直特地去天文台观测，但总是一无所获。然而后来它又出现了，我可以看到信号是一串脉冲，时间间隔相等，大约 1.3 秒。接下来的一个月是让人精神紧绷的一个月，这个信号出现得如此出人意料，我们怀疑是仪器出了问题。然而，这并不是射电望远镜或接收器的故障，因为同事的望远镜也能接收到它。这是一颗在不寻常轨道上的卫星发射的信号，还是从月球上反弹到望远镜上的雷达信号？都不是。它的脉冲频率很高，意味着它应该是一个小物体，但这个脉冲频率非常恒定，这又意味着它存储着巨大的能量。然后，我们估算出了与这个脉冲信号源的距离，它远远超出了太阳系，但又完全处于我们的银河系之内。

之后，我又发现了第二个这样的信号源头。它在空间的另一个方向，脉冲频率略微不同，但似乎和之前的信号源同属一个种类。很明显，我们偶然发现了一个未被发现的星体类型。几周后，我又发现了第三颗和第四颗这样的星星。

在接下来的 6 个月里，我们意识到这些脉冲星（发出脉冲的星球）是中子星，它们每次旋转时都会在天空中扫过一道射电光束。中子星既小(体积)又大(质量)。现在已知的中子星已经有 1 000 多颗（译者注：此为 1999 年数据，目前已知的中子星已超 3 000 颗）。

第 9 章　宇宙熔炉

恒星与元素的诞生

地球上的生命完全依赖于太阳。它的光和热对生命而言至关重要，因此自古以来，太阳经常是人类崇拜的对象。如今我们已经知道我们不只依靠邻近的恒星来维持生命，我们的存在也与其他早已死亡的恒星有关。地球，以及地球上的几乎所有物质，都是由巨大恒星的灰烬构成的，这些恒星的生命在几十亿年前就已终止，然后爆炸。整个太阳系大约在 46 亿年前由上一代恒星在死亡时喷出的气体和尘埃凝结而成。这些气体和尘埃是在这些早期恒星死亡时产生并被释放出的，其中含有大量的碳、氧和铁，这些元素都对生命的存在非常重要。

恒星如何发光和元素如何产生这两个看似不相关的问题，其实是可以通过核物理实验串联起来的。我们可以在地球上研究恒星的核过程，我们甚至可以找到为太阳供能的源头。

但其实除了我们依赖于太阳之外，以上的大部分事实并不显而易见。例如，在 19 世纪 30 年代，哲学家奥古斯特·孔德声称，有一些知识永远无法为人类所知，恒星的组成就是这样一个例子。在光谱学诞生之前，这种说法被广泛接受。

在孔德之前 2 000 多年，亚里士多德曾发表过一个演说，演说里的想法很快被奉为圭臬。“天上的一切，”他说，“都是由完美的、不变的和不朽的‘第五物质’构成的。”伽利略不受当局欢迎的一个原因正是他的一些发现对这个观点提出了挑战。地球上的实验也是有可能还原恒星形成过程的，这一想法与人们 2 000 年来的信念相悖。现在的我们已经完成了这样的实验，实验证明恒星的确不是由“第五物质”构成的，根本而言，构成恒星的物质和构成我们的物质基本相同。

维多利亚时代的伟大物理学家开尔文勋爵曾宣称，如果除了太阳，没有其他热的来源的话，地球的年龄不可能超过 1 亿岁，根据当时已知的能量来源推断，这个说法是对的。而地质学家和生物学家有充分的理由相信，地球的年龄要大得多。另外，从放射性原子核中持续流出的能量看，太阳的年龄可能比 1 亿岁大得多（所以地球的年龄也应该超过 1 亿岁），在 1903 年卢瑟福因此指出“太阳维持能量的方式已经不是需要探究的基本问题了”。

乔治·伽莫夫，受欢迎的科普作家

乔治·伽莫夫展示了 α 粒子从原子核中隧穿出来的过程，这是量子理论的体现。原子核也会以同样的过程向内隧穿并聚变。量子理论解释了恒星中的能量产生的原理，可帮助我们理解重元素是如何由较轻的元素聚变成的，甚至可以说万物最终都是由氢元素构成的。伽莫夫是“大爆炸宇宙学之父”，更是深受人们喜爱的作家，写了一系列物理学畅销书，这些书至今仍在发行。（图片由剑桥大学出版社友情提供）

核物理学先驱**乔治·伽莫夫**提出，所有的元素都是在大爆炸中产生的。基于 20 世纪 40 年代的科学知识而言，这是一个合理的推论，但大自然是无尽的惊喜之源，惊喜之一是科学家在某些红巨星中发现了锝。这种短寿命的元素不可能在大约 138 亿年前的大爆炸中就已经产生，因此，元素，至少是一部分元素，只可能在恒星上产生这一观点现在得到了证实。

我们现在知道大爆炸产生的氢和氦在连续几代的恒星中经历了核聚变，在此过程中产生了新的元素。像我们这样的恒星和行星系统是由那些生命早已结束的恒星产生的尘埃和气体形成的。我们可以看到这些过程正在发生：在图**“猎户星云”**中可以看到非常明亮的区域，这表示新的恒星正在从死亡恒星的灰烬中诞生。这些物质在引力的作用下旋转着聚在一起，它们会被加热并点燃，形成新的恒星和行星系统。这就是我们的太阳系形成的过程，那些来自已经消亡的恒星的元素组成了我们。

元素的丰度

乔治·伽莫夫提出的关于元素是在大爆炸中形成的想法并不完全错误。目前，宇宙中的可观测物质大约有 70% 是氢，28% 是氦，只有大约 2% 是其他物

猎户星云

这个著名的星云就在猎户座的"腰带"下方。猎户座的"腰带"大约在左图中间的 3 颗星的位置，该照片由皮特·劳伦斯拍摄。该星云在双筒望远镜中看起来像是一片朦胧的斑块，甚至在黑暗的地方用肉眼也可以看到它。在这个星云中，约有 1 000 颗年轻的恒星挤在一个小空间里，这个空间的大小还不到太阳与它最近的恒星之间的距离。这是一个恒星摇篮，新一代的恒星正在这里诞生。右图为伪彩色图像，是在电磁波谱的红外波段拍摄的，这让我们能深入地观察这个区域。（图片由欧洲南方天文台友情提供）

质（这些百分比数据指的是元素的质量，而非元素的原子数量）。氢和大部分氦与一些锂（第 3 号元素）是在大爆炸中产生的，而其他所有元素都是在恒星中产生的。伽莫夫弄错的 2% 包括碳、氧、氮、铁和所有其他元素。

我们提到宇宙中的可观测物质时也考虑到了这个：众所周知，宇宙中含有很大一部分的暗物质，即在星空中不发光的物质。暗物质的性质一直被激烈地讨论和实验。目前物理学界对暗物质性质的认识只有一点达成了一致：暗物质不是由重子物质组成的，即质子、中子和其他质量比质子更大的粒子。暗物质与普通物质的相互作用似乎也很弱，而且暗物质可能一直在穿过我们的世界，这让探测暗物质非常困难。因此，虽说暗物质作为一个整体通过引力效应对整个宇宙具有重要意义，但本章只关注普通的非暗物质。

确定元素在宇宙中的丰度，即每种元素或者原子核在宇宙中所占的比例，并不是一项微不足道的工作。许多采样地点都是不具代表性的，因为它们含有的一些元素的丰度会比其他大部分地方的都高。例如，在珠宝店里并不能准确估计金在宇宙中的丰度。

来自恒星的光的光谱是确定宇宙中各个元素丰度的一个重要线索。在第 2 章的图**“原子的指纹”**中展示了恒星光谱的黑色吸收线。这些吸收线是在光线穿过恒星较冷的外层时形成的，在图**“穿过恒星大气层的光线”**中可以看到。

在地球上发现的陨石也携带了关于不同元素丰度的信息，见图**“来自太空的信使”**。某些种类的陨石可以追溯到太阳系的形成时期，这些陨石里的各元素

穿过恒星大气层的光线

当光线从恒星的高温表面射出时，某些颜色的光会被恒星大气中的原子吸收。这一过程表现为，当光穿出太阳的大气层时，白光的光谱中会逐渐出现黑色的色带。当来自太阳的光线在地球上被分析时，由于太阳大气层的厚度，它的黑色吸收线已经是完整的了。

来自太空的信使

在这块名为阿德拉尔 303 的陨石中我们可以看到浅色的“球粒”，其各元素的比例与太阳系凝聚的气体和尘埃中的各元素的比例相同。在许多恒星中发现的不同原子核的比例非常接近，反映了宇宙中不同元素的丰度。（图片由英国开放大学的伊恩·弗兰基友情提供）

丰度的比例都有着一致的规律（太阳系元素丰度），并且在这些陨石中发现的各元素的比例与在一般恒星中发现的各元素的比例相当一致。每颗恒星的元素成分取决于该恒星的历史，但目前我们依然可以从它们的各元素的比例得出一个总体的规律。

每种元素的比例都有很大的差异。例如，地壳中氧元素的丰度是铂元素丰度的 100 万倍。显然，能谷对此有一些影响，比铁和镍更重的元素与轻的元素相比含量少得多。具有幻数个质子数的元素往往更常见，见图**“宇宙中不同元素的丰度”**。

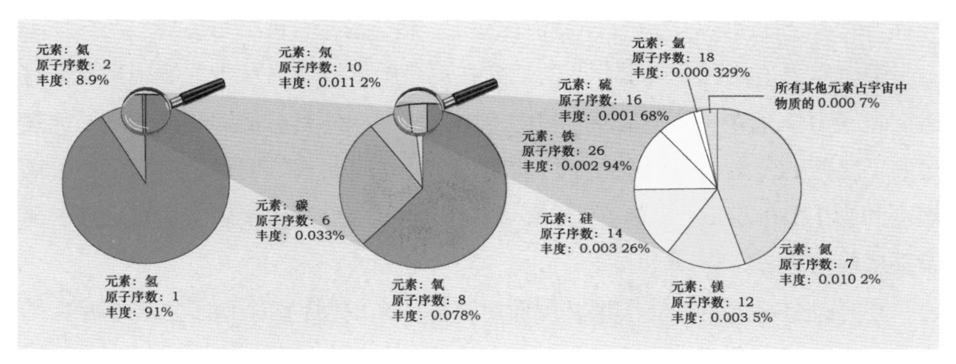

宇宙中不同元素的丰度

在这些饼图中，百分比数据表示原子的相对数量，我们看到那些非常轻的元素，如氢元素，其相对数量所占的百分比要大于它相对质量所占的百分比。

总的来说，最轻的元素是最常见的。那么这样一来其他各种元素必须是由一系列的核聚变过程产生的，从氢元素开始，逐步聚变成更重的原子核。大量的碳和氧由此产生，因为在许多恒星中，原子核按顺序聚变成形，这一过程只能进行到聚变出碳、氧左右。

从氢元素到氦元素

我们从太阳获得的几乎所有能量都来自一系列反应，其中质子（氢原子核）相互作用形成氦原子核。这些反应也是产生所有其他元素的第一步。这个过程始于两个质子相互吸引并形成一个新的原子核，但有两个因素不利于发生这种情况。一是，核力在两个质子靠得非常近时是一种强引力，但实际上两个质子很难靠近到这种程度以受到核力。这是因为质子之间还存在另一种力，静电斥力，它会让两个带相同电荷的质子分开。二是，核力还没有强到足以结合两个质子，一个仅由两个质子组成的原子核，即 ^{2}He 的原子核并不存在。

如果从结合一个质子和一个中子开始进行核聚变过程，这些问题就都不存在了。由于中子不携带电荷，所以静电斥力不会出现来阻碍这一过程，质子和中子确实形成了一种“结合状态”，即氘核（氢同位素 ^{2}H 的原子核）。虽然这在大爆炸期间确实会发生，当时，质子周围存在许多自由中子，但没来得及与质子结合的中子都早就发生了 β 衰变。自由中子在变成质子之前的存在时间只有几分钟。时至今日这些自由中子早就消耗完了，核子的结合被限制在两个质子上。

静电斥力迫使两个质子分开的现象在恒星中可以借由量子力学和高温来打破。量子力学允许 α 粒子从原子核中穿出，它同样使具有足够能量的质子能穿过它们之间的静电势垒。室温下的质子肯定不会有足够的能量，但太阳中心的温度约为 1 570 万开（全称：开尔文）。借此极小部分的质子确实会有足够的能量穿透静电势垒。

在穿过势垒之后，质子还必须面对这样一个问题：两个质子之间不存在结合的状态。其中一个质子进行 β 衰变发射出一个正电子和一个中微子后成为一个中子就可以解决这个问题，从而自然界的 4 种基本力（又称基本相互作用）都参与了两个质子结合的完整过程，其中 3 种力共同作用对抗剩下的一种力。引力首先压缩氢气以提高其温度，给质子提供必要的能量进行隧穿。接下来，强核力使它们紧紧靠在一起，而弱核力使其中的一个质子变成一个中子，从而形成氘核。在这个过程中，静电斥力会努力将两个质子分开。

一般而言，太阳中的质子需要数十亿年的时间才能结合成氘核，因为质子转化为中子的过程非常缓慢。一旦形成了氘核，下一步就会迅速得多。在氘核产生后的几秒内，它会和另一个质子通过隧穿越过势垒结合在一起，形成氦同位素 ^{3}He。这在图**“从氢元素到氦元素”**里的前两个步骤中提及。

^{3}He 核存活的时间比氘核长一些，但它们也会很快消失。由于带正电，两个 ^{3}He 核会相互排斥，当它们有足够的能量时就有机会进行聚变。它们聚变时 6 个核子并不会全部结合在一起，而是会形成一个 ^{4}He 核（α 粒子），另外两个

多余的质子会被发射出来。这一系列反应的总体效果是 6 个质子形成一个 α 粒子，剩下两个质子，这个过程被称为“pp 链”(质子 - 质子链，实际为质子 - 质子反应)。由氢元素到氦元素的聚变过程中也会有能量产生，这些能量让太阳保持目前稳定的状态，持续了数十亿年。氢元素在太阳核心 1 570 万开的高温下进行核聚变所释放的能量稳定地传到太阳相对较冷的表面并最终辐射到太空。溢出的能量也推动了太阳表面发生的剧烈反应过程，使太阳纤薄的大气层比太阳表面热得多，因此一些核聚变的能量最终会以紫外线辐射的形式传播，见图**“紫外波段的太阳”**。

第一步两个质子的聚变是 pp 链的瓶颈。它发生的速度太慢，在地球上无法观测到，但两个 ^{3}He 核之间的反应可以被测量到。科学家在实验室(见图**“地下核天体物理学实验室”**中首次完成了这个困难的测量实验。地下核天体物理学实验室位于意大利大萨索山下的隧道中，该测量实验为建立太阳和其他恒星内部运作的详细模型提供了一个坚实的基础，而这些模型正是现代天体物理学的主要组成部分。

在太阳生命的大部分时间里，它可以被看作一个用氢元素做氦元素的工厂。最终这个过程会结束，因为在太阳温度够高、足以发生核聚变的中心，氢元素会耗尽。这时太阳的核心开始收缩并变得更热，温度会高达 1 亿开。这个温度足以发生“3α 过程”并产生碳同位素 ^{12}C。在这一过程中，太阳的表面膨胀，太阳会

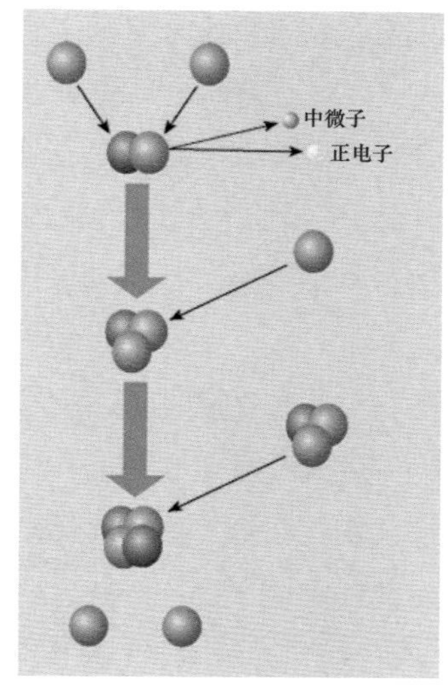

从氢元素到氦元素

在太阳核心里正发生着这些反应：当两个质子(红色)撞到一起时偶尔会发生隧穿。一个质子变成一个中子(蓝灰色)，释放出一个中微子和一个正电子。在这个反应中形成的氘核会迅速吸收另一个质子，产生一个 ^{3}He 核，它继续与另一个 ^{3}He 核反应，形成一个 ^{4}He 核和两个质子。4 个质子变成一个氦核的过程是太阳的主要能量来源。这种能量最终会从太阳表面辐射出来。

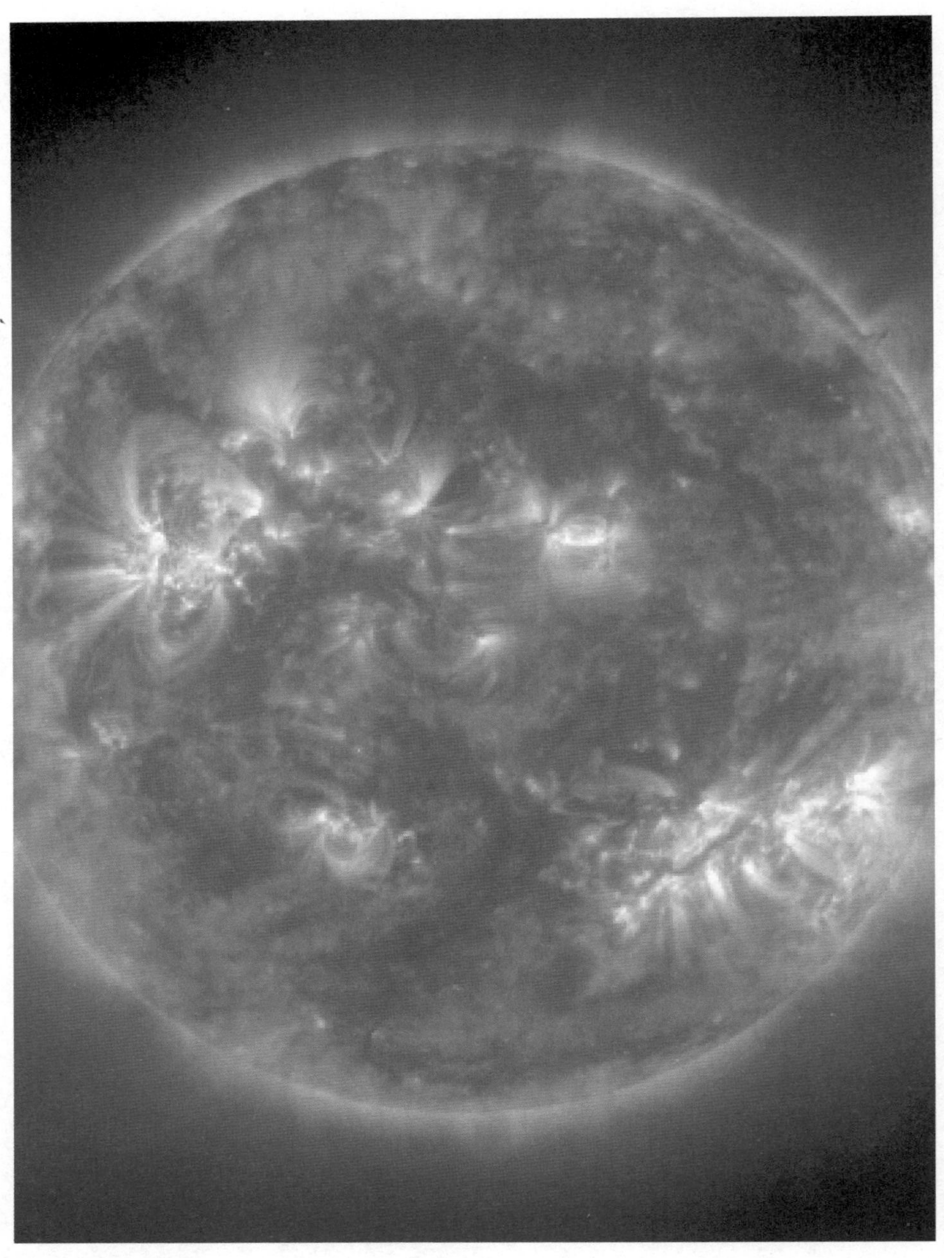

紫外波段的太阳

这张图片显示了太阳纤薄的上层大气在 100 万开的高温下所发出的紫外线辐射。（图片由欧洲空间局和美国航天局的项目——太阳与日光层探测器友情提供）

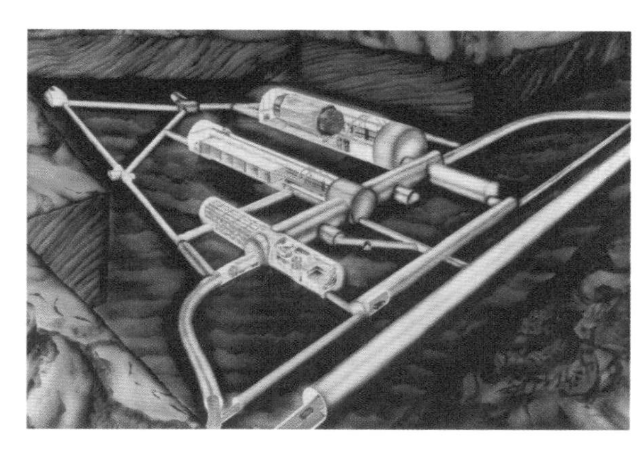

地下核天体物理学实验室

地下核天体物理学实验室位于意大利大萨索山下的隧道中，图片展示了多个地下实验室。由图可见，实验室用许多米厚的岩石来屏蔽宇宙线，以减少其对实验室内研究的干扰。（图片由地下核天体物理学实验室友情提供）

成为一颗红巨星，最终将其外层的一些物质喷射到太空，其中一些物质将形成下一代的恒星和潜在的行星系统。

3α 过程，一个非常微妙的平衡

和所有的碳基生物一样，我们人类也依赖于恒星产生的碳。^{12}C 的自然产生过程首先需要两个 ^{4}He 核隧穿过它们之间的静电势垒，形成一个铍同位素 ^{8}Be 核。然后，另一个 ^{4}He 核与 ^{8}Be 核之间发生隧穿形成一个 ^{12}C 核。然而，^{8}Be 核并不稳定，几乎在它形成的同时又会分裂成两个 α 粒子。^{8}Be 核的寿命短得令人难以想象，大约只有 1×10^{-16} 秒，这使得另一个 α 粒子很少有机会与它结合形成碳。

这种情况被一种“共振”所改变。收音机能被调谐正是因为共振，调谐让收音机对某一特定频率的无线电波比调谐前敏感数百万倍。类似地，具有一定能量的原子核会更有可能在反应中形成。^{12}C 的共振能量恰好让 α 粒子可以利用恒星中寿命极短的 ^{8}Be 核来产生碳。如果没有这种能量恰到好处的共振，碳基生命就不会存在。据估计，如果核力的强度改变 1/200，那么 ^{12}C 核的产生量会减少至原本的 1/30。宇宙仔细地调整过了各种细节！

^{12}C 中的重要共振叫作霍伊尔共振，以天文学家**弗雷德 · 霍伊尔**的名字命名，他在 1950 年左右预测了共振的存在，因为若是需要产生非常多的元素，这种共振就必须存在。1953 年，霍伊尔共振在美国加利福尼亚州加州理工学院的

实验中被证实了。在实验过程中，氘核被从加速器中发射出来，飞向含有氮同位素 ^{14}N 的目标靶，在共振状态下产生了 α 粒子、^{4}He 和 ^{12}C。

弗雷德·霍伊尔

弗雷德·霍伊尔，1915—2001，对天文学和宇宙学做出了诸多贡献，特别是他提出的关于恒星中元素形成过程的理论。（美国物理研究所埃米利奥·塞格雷视觉档案馆提供图片）

更大质量恒星中的元素和能量

太阳，以及其他质量相同或更小的恒星永远不会产生比 ^{12}C 更重的元素，但比 ^{12}C 更重的元素一定存在于凝聚成太阳系的云层中……那么重元素从何而来？

太阳是一颗质量不大不小的恒星，有些恒星的质量可以达到太阳的 10 倍甚至 100 倍。理论表明，太阳质量的 120 ～ 150 倍是恒星质量的上限，但似乎确实有一些恒星的质量超出了这个范围。正是那些比太阳质量更大的恒星产生了更重的元素。恒星的质量越大，它的温度就越高，它经历生命周期的速度也越快。大质量恒星的寿命相当短，这样的恒星往往会在灾难性的超新星爆发中结束其一生，将其大部分物质喷射到太空中以供回收。除了氢元素之外，我们身体和周围世界中的几乎所有原子都是从恒星中喷射出来的。大多数像金元素和铀元素之类的重元素就是在超新星爆发中产生的。

高温是制造重元素的关键。所有的原子核都是带正电的，相互排斥。原子核所带的电荷越多，它们之间的斥力越强。量子力学允许的原子核隧穿库仑势垒率敏感地取决于它们运动产生的能量（动能）与势垒高度的比值。更高的势垒意味着原子核需要更多的能量才能有一定概率可以发生隧穿，这正是温度的重要性所在。恒星内原子核的能量随着其所在位置温度的升高而增加。一颗恒星最热的部分是它中心的核。由于热量总是从较热的区域流向较冷的区域，能量会从恒星的核心流向较冷的外部区域，从恒星表面再辐射到宇宙中。

目前，太阳中心的温度足以让氢元素聚变成氦元素，但还不足以进行 3α 过程，当然也不足以进行更重原子核的聚变。氢气耗尽后，其核心的温度将在坍缩时急剧上升。3α 过程核聚变反应在大约 1 亿开时开始。对于质量比太阳更大的恒星来说，这种变化会使核心温度增加得更高，使更重的原子核有条件形成。

利用碳元素来制造氦元素

在质量比太阳更大的恒星中，有一种方法可以替代 pp 链让氢元素聚变成氦元素。这就是碳 – 氮 – 氧循环，这一过程由 1967 年诺贝尔物理学奖得主**汉斯 · 贝特**在 20 世纪 30 年代末首次提出。这个过程需要一颗恒星至少有一些 ^{12}C 核与氢元素混在一起。这时候 ^{12}C 核可以吸收一个质子产生一个氮同位素 ^{13}N 核，见图**"碳 – 氮 – 氧循环"**。在几分钟内，^{13}N 核发生 β 衰变，变成一种稳定的碳同位素 ^{13}C 核。然后另一个质子会隧穿 ^{13}C 核的势垒产生 ^{14}N 核，它也是稳定的原子核，最后它会继续吸收一个质子成为 ^{15}O 核，这个放射性原子核在发生 β 衰变成为 ^{15}N 核之前只会存在几分钟。^{15}N 核最后会吸收一个质子并发射出一个 α 粒子，留下一个 ^{12}C 核，回到循环的起点，一个循环就结束了。

碳 – 氮 – 氧循环最终的效应与 pp 链的相同。在 pp 链中，4 个质子，也就是普通的氢核结合产生一个 ^{4}He 核，加上两个正电子，两个中微子和一些能量。在碳 – 氮 – 氧循环中，^{12}C 起到了催化剂的作用：它促使整个循环过程发生，反应结束后它仍然存在。碳 – 氮 – 氧循环确实为今天许多闪亮的恒星提供了动力，但它不会发生在最早期的恒星中，这些恒星是由大爆炸中产生的物质凝结而成的，这些物质里没有碳。

汉斯 · 贝特

汉斯 · 贝特，1906—2005，凭发现恒星能量产生过程于 1967 年被授予诺贝尔物理学奖。在长达 70 年的积极研究中，贝特在物理学的各个方面都有着重大贡献。上图是他 1956 年在巴黎的一次演讲时的照片。（美国物理研究所埃米利奥 · 塞格雷视觉档案馆提供图片）

用尽氢元素

在生命的最后阶段，随着核心中的氢元素逐渐枯竭，恒星会膨胀成为红巨星。太阳将在大约 50 亿年后进入红巨星阶段，那时候，太阳的外层大气将膨胀到完全吞噬掉所有带内行星。质量比太阳更大的恒星会更快地进入红巨星阶段，在此过程中，它们的深处会达到特别高的

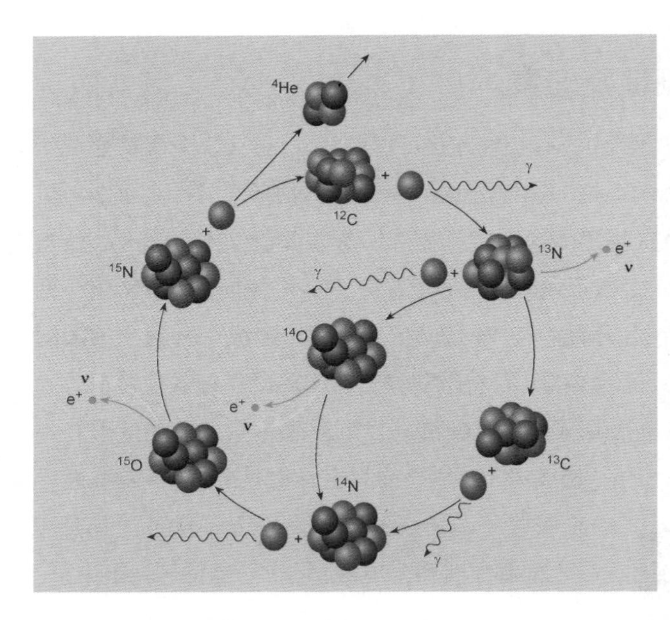

碳－氮－氧循环

碳－氮－氧循环发生在温度很高的恒星中。4个质子变成一个α粒子（^4He核），两个电子和两个反中微子（用希腊字母ν表示）。能量被释放出来，部分能量以γ射线释放。碳－氮－氧循环需要有碳原子^{12}C存在，当这些碳原子吸收质子时，循环就开始了。

温度，这使一系列产生元素的反应得以发生。从红巨星外层喷出的物质是生命依赖的碳和氮的主要来源。

一旦^4He核和^{12}C核出现就会发生一个它们共同参与的过程，它们会聚变成^{16}O核。这个反应需要大约5亿开的高温。在更高的温度下，原子核之间的隧穿发生的概率高很多，因此许多不同的反应会发生。例如一对^{12}C核或^{16}O核可以聚变到一起。除此之外还有许多反应会发生，包括那些涉及质子吸收的反应，但正如我们在第5章中看到的，那些相同的原子核聚变的过程在一定程度上解释了为什么质量为α粒子倍数的原子核，如常见的碳和氧原子核，其元素的同位素在地球上的丰度很高。这些元素丰度高的另一个原因是它们的原子核特别稳定，这让它们不太会被γ射线分解。在10亿开左右的高温下存在着大量的γ射线，它可以分解原子核，尤其是那些不太稳定的原子核。

在质量比太阳大得多的恒星的中心，最后都会出现一个温度达到40亿开左右的时期，但它相当短暂。在这个温度下，^4He核可以与硅同位素^{28}Si的原子核（一个更重的原子核）发生聚变。

在这样的情况下，元素周期表上从氢一直到铁的所有元素的原子核都不停地被创造和破坏，直到出现一种平衡状态。其中，稳定同位素大多预先占据主导地位，稳定同位素的一部分会被发射到太空中。能谷的形状决定了在这个过程中不太会有原子序数大于铁和镍的元素被制造出来。地球的核心主要由铁和镍组成，这并不是一个巧合。

汽车电池中的铅元素

制造质子数为 26 或 28 的元素，即铁或镍都不是什么困难的事情。但要制造质子数超过 28 一直到质子数为 82 的铅元素就需要一些特殊方法了。

一些红巨星会产生大量的中子。当一个中子撞击一个原子核时它可能会直接穿过去，但大概率它会被原子核吸收。如果多吸收了一个中子后的原子核仍然是稳定核，它会简单地用 γ 射线放射掉多余的能量并等待下一个中子到来。在其他情况下，额外的中子会让原子核处于能谷上中子过剩的一侧。原子核现在有太多的中子了，它会发生 β 衰变，中子会变成质子，原子核的原子序数 Z（也代表质子数）会加 1。

在富含中子的恒星中，原子核将持续沐浴在中子里并吸收中子。其效果是，原子核沿着能谷底一点点变成越来越重的原子核。如果原子核在能谷的中子过剩一侧的太高处，它会进行 β 衰变发射电子和反中微子，重新滑到谷底。这个过程叫作“慢中子俘获过程”或“s 过程”，在这个过程中产生了许多比铁和镍更重的元素的同位素，见图“**s 过程**”。这个过程一直到产生铋同位素 ^{209}Bi 结束。

s 过程绝不是故事的全部，并非所有重元素的同位素都是在 s 过程中产生的。拥有闭壳层的原子核在能谷上凹陷下去形成了沟，闭壳层会阻碍 s 过程的发生。沟上的原子核具有特定数量的中子，它们特别稳定，能量比邻近的原子核低。这种具有中子闭壳层的原子核不容易吸收额外的中子，所以能产生新元素的反应在这里停止了。

s 过程可以制造出铅，也是生命必需元素碘的主要来源。用这种方法制造的另一种元素是锝，它在地球上并不是自然存在的。寿命最长的锝同位素只能存在几百万年。在恒星中我们观察到了锝元素的特征光谱，这有力地证明了恒星中会发生 s 过程，因为存在锝这种半衰期比恒星年龄短得多的元素。

在比铁重的稳定同位素里，有将近一半是 s 过程不能产生的，其中包括金、铀和钍的所有同位素。但这些同位素在地球上存在，这证明一定还有别的反应过程在发生。此外，许多元素在能谷中子过剩一侧略微高的地方有相当多的稳定同位素，这些同位素一般都不是由 s 过程产生的。

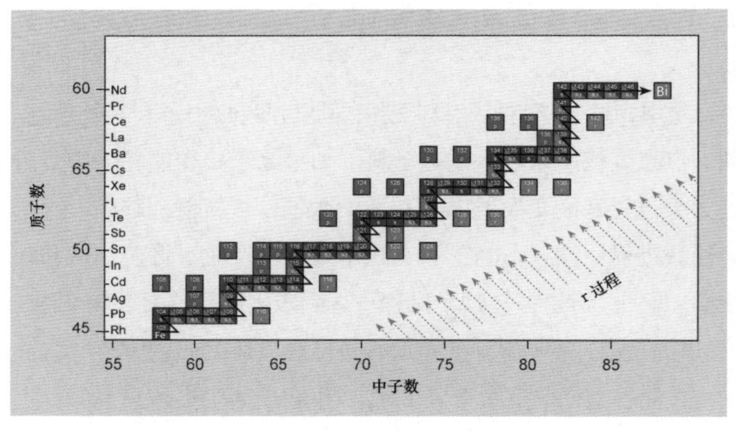

s 过程

图中的黑线是 s 过程的一部分，从铁（Fe）到铋（Bi）大约需要 100 年的时间。原子核吸收一个中子后就会向右移动一格变成另一个原子核。经过一系列这样的步骤后，这个原子核会经历 β 衰变，向左上方移动一格，然后继续吸收中子。s 过程发生在红巨星中，产生的元素用蓝色方块表示。图中还有一些元素是由其他过程产生的：红色方块表示在超新星爆发时的 r 过程（在本章后面会说到）中产生的元素。既涂了蓝色又涂了红色的方块表示该元素在两种过程中都会形成。绿色方块表示由质子俘获过程（p 过程）形成的原子核，在该过程中原子核会俘获质子。

当恒星的光芒胜过一整个星系

铀原子核、钍原子核和许多其他重原子核产生于剧烈的爆炸中，这些爆炸是恒星的“垂死挣扎”，这些恒星的质量一般是太阳的 10 多倍。这样的爆炸就是超新星爆发。发生超新星爆发时，在短时间内，超新星的亮度会超过整个星系的亮度，最后留下一个质量小得多的残骸，因为它的外层被爆炸消耗掉了，成为星际介质的一部分。最后留下的残骸通常是一颗中子星，但某些重型恒星可能留下一个黑洞。

与超新星相关的元素制造过程被称为“快中子俘获过程”或“r 过程”，见图“**r 过程**”。某些（Ⅱ型）超新星的核心会释放出大量的中子，数量远远多于 s 过程产生的中子数，见图“**Ⅱ型超新星爆发**”和“**Ⅱ型超新星的最后阶段**”。暴露在如此巨大的中子流量之下，原子核的外层吸收中子的速度远远超过它进行 β 衰变的速度。这样一来这种原子核在能谷中会落到中子过剩一侧较高的位置。最终，这种原子核会变得不稳定，导致它在不停地释放电子和中微子的过程中向谷底滚落。通过这种方式，r 过程会产生一些 s 过程无法产生的原子核，铀原子核就是其中之一。

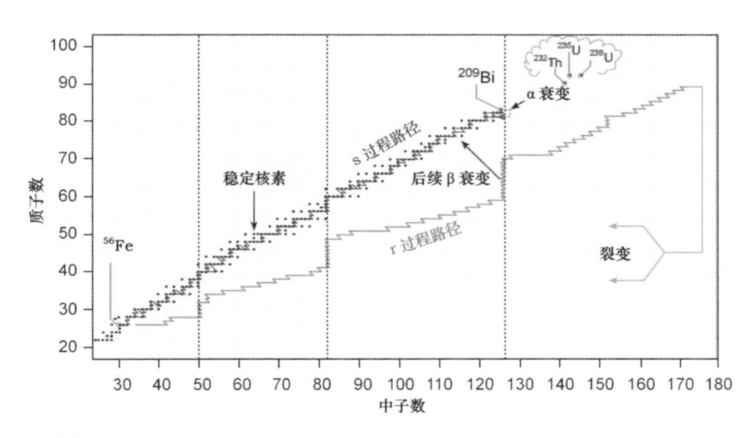

r 过程

来自超新星的巨大中子流量引发 r 过程，在这个过程中产了非常短命的原子核，它们在能谷的中子过剩一侧很高的位置上。这些原子核立刻进行 β 衰变向谷底滚落。地球上所有的铀和钍都是由 r 过程产生的。

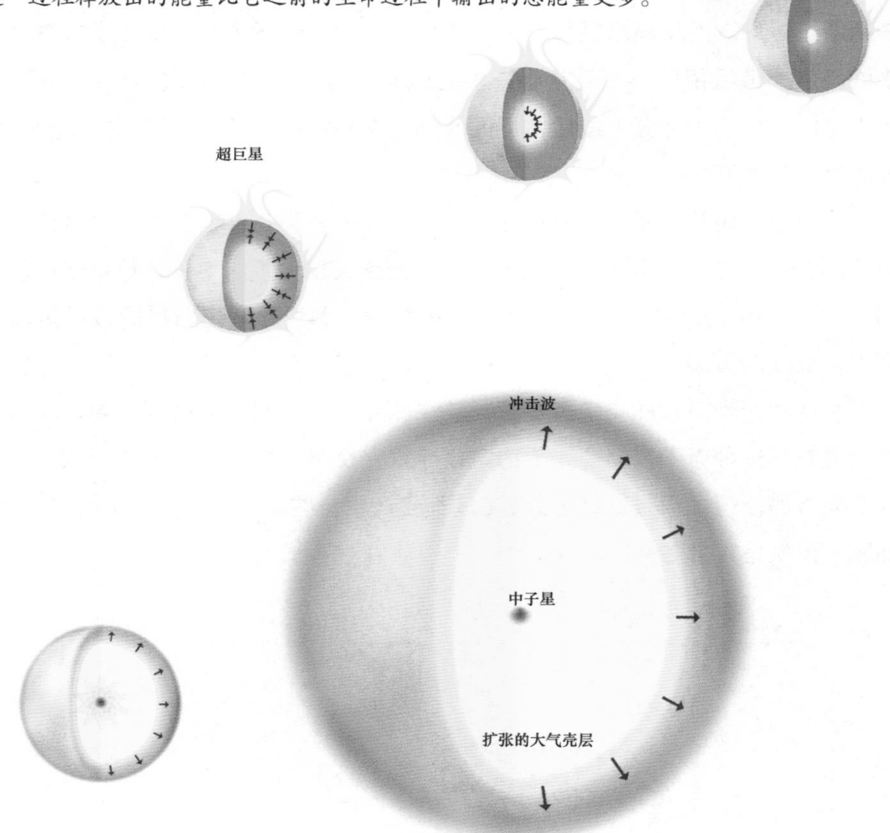

Ⅱ型超新星的最后阶段

高压促使电子和质子结合形成中子，巨大的中微子脉冲产生冲击波，将星球的外层物质喷射到太空中，留下一颗中子星。如果超新星爆发前的恒星质量足够大，那么爆发后留下的将是一个黑洞。巨大的中子流量促使新元素产生，这些元素随后分散在太空中。

r过程中产生的许多原子核都距离谷底非常远，于是它们从未在地球上被制造或研究过。这一事实刺激了大量科研人员去研究靠近中子滴线的原子核。建立r过程理论模型的一个重要线索就是含有过剩中子原子核的详细信息，这些信息对于我们全面了解超新星和元素的起源都十分必要。目前，许多研究工作都在致力于了解 r 过程中原子核的结构和性质。这种原子核都含有非常大的中子过剩量并且寿命非常短暂，因此只能在它们被制造的瞬间（不到 1 秒的时间内）进行研究。世界上有几个实验室正在进行这些研究，图**“大阪大学核物理研究中心实验室”**中展示了其中的一部分。

大阪大学核物理研究中心实验室

日本大阪大学核物理研究中心实验室的大雷电光谱仪除了被用在各种光谱研究中，还被用来研究 r 过程产生的短寿命原子核。携带高能粒子的光束从一个大型加速器中射出，通过管道进入一个封闭的方形磁铁。这些磁铁用来聚焦粒子束。高能粒子与不锈钢室中的目标靶相撞。然后一些产物通过大型弯曲磁铁，另一些产物在右边的大房间中被观测。（图片由核物理研究中心大阪实验室友情提供）

地球上的核聚变能源

半个世纪以来，重现和利用为太阳供能的核聚变反应产生的能量一直是科学家们的梦想。一旦成功，这一过程可以为不断增加的世界能源需求提供取之不尽的清洁能源。

两个氢原子核聚变成氦原子核的过程中会释放出能量，但在两个氢原子核进行聚变之前，必须要有超高的温度提供足够的能量。科学家面临的问题是如何保持并控制这样的高温。此外，这里的核聚变反应不能使两个质子聚变在一起，因为这一过程的反应速度太慢了。目前大多数实践方案都涉及较重的氢同位素，如氘和氚的聚变。核聚变研究人员使用一台名为托卡马克的机器作为试验台来研究在地球上如何进行受控封闭的核聚变，虽然已经取得一些进展，但要开发出这样一种能源还需要很多年。

核聚变反应的时间是漫长的。1973 年，国际**欧洲联合环**（JET，世界上最大的聚变反应堆）托卡马克的设计工作开始了。欧洲联合环最初的等离子体是在 1983 年制造的，1991 年时首次获得了可控核聚变能量。2011 年，欧洲联合环仍在测试国际热核实验堆建造方案的可行性，国际热核反应堆是实现利用核聚变能源的下一步。2010 年，一项为期 10 年的国际合作在法国开始，准备建造国际热核实验堆。国际热核实验堆是一个大规模的托卡马克，其设计目标是通过核聚变产生 10 倍于其消耗的能量。

全局概况

我们现在已经了解了在恒星中制造原子核的大部分方式。宇宙大爆炸过程中产生了最初的一批氢元素，恒星中间的核温度极高，氢元素在那里聚变产生氦元素，大爆炸后立刻产生了一些氦元素，这已经是第二批氦元素了。恒星中的氢元素被消耗完后一连串的反应就会开始。这些反应的细节取决于恒星的质量。在质量最大的恒星中产生了从氢元素一直到铁元素的相当大量的元素。在铁元素之后的元素产量就急剧下降了，但有大量的铜和锌（分别为第 29 号元素和第 30 号元素）。这些元素是生命所必需的，质子数比它们更多的那些元素里就只有少数像硒（第 34 号元素）、钼（第 42 号元素）和碘（第 53 号元素）元素是生命所必需的了。

对于这些元素，中子数最多的稳定同位素往往是在 r 过程中产生的，而处于能谷底的稳定同位素往往是由 s 过程产生的。

除了上述的两种过程，元素的产生也有其他过程在起作用。比如 Ⅰa 型超新星会产生巨大的质子流量，而不是中子，见图“**Ⅰa 型超新星爆发**”。这促使“快质子俘获过程”或“rp 过程”发生。rp 过程与 r 过程类似，只是它的产物都会位于能谷质子过剩的一侧。一个原子核在有机会进行 β 衰变之前会吸收几个质子。rp 过程会产生某些质子过剩的同位素，而以其他方式是无法制造这些同位素的。

Ⅰa 型超新星爆发

许多恒星会成对出现，也就是双星系统。通常情况下，其中一颗恒星是一颗致密的白矮星。质量最大的白矮星约是太阳质量的 1.44 倍（是白矮星质量极限，称钱德拉塞卡极限）。当白矮星伴星上的物质被吸引到它自己身上，并且它的质量超过了这个极限，这颗星就会壮观地爆发。

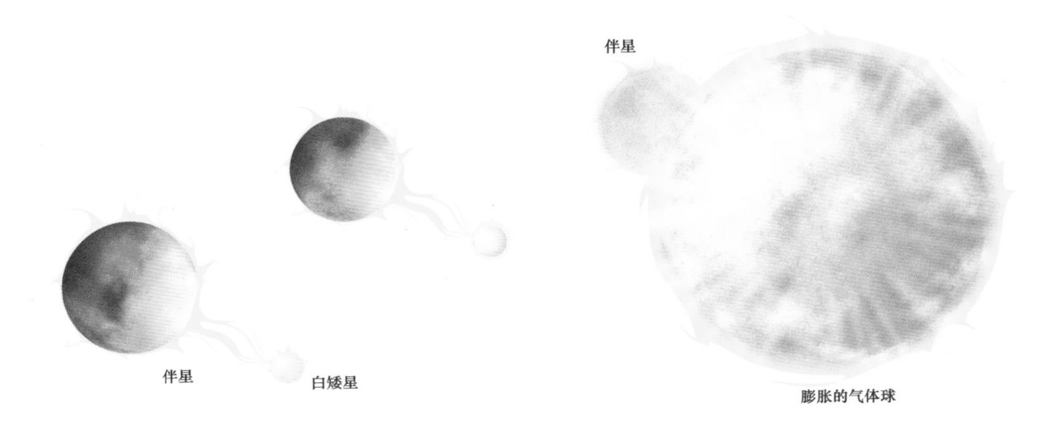

这些超新星还有另一个显著特点，它们会产生大量镍的不稳定同位素 ^{56}Ni。这种元素的原子核有 28 个质子和 28 个中子，是一个有双闭壳层的原子核。它大概由 14 个 α 粒子连续聚变而成。但即使 ^{56}Ni 的原子核有质子和中子的双闭壳层，像这样离能谷底很远的原子核也是不可能稳定的。^{56}Ni 原子核有相当多的过剩能量，它通过 β 衰变释放能量，首先变成 ^{56}Co（钴），然后变成 ^{56}Fe。当发生超新星爆发时，这些 β 衰变所释放的能量会加热喷出的物质，从而使这些超新星发出的光倍加耀眼。

然而，像锂同位素 ^{6}Li 这样的一些较轻的元素是由另一个过程负责生产的。在宇宙大爆炸过程中产生了少量的另一种锂同位素 ^{7}Li，但没有 ^{6}Li。不仅如此，^{6}Li 也不是在恒星中制造的，相反的是恒星其实会破坏它。锂同位素 ^{6}Li 和铍同位素 ^{9}Be 是由散裂反应形成的，这个过程是一个高能质子在星际空间中与一个 ^{12}C 原子核或 ^{16}O 原子核发生碰撞后产生的。这种高能质子是宇宙线的一个主要部分，它从各个方向“轰炸”着地球。这样的高能质子撞击到较重的原子核时

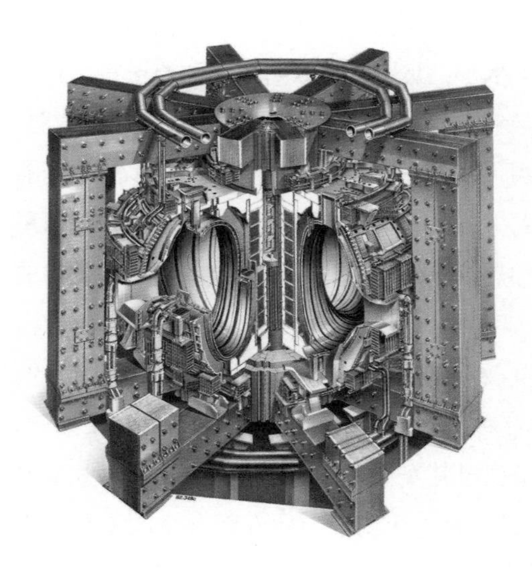

欧洲联合环

欧洲联合环位于英国牛津附近的卡勒姆。被强磁场固定住的氘和氚离子在环形真空室中碰撞与融合。左侧剖面图显示了真空室周围的巨大磁极片。真空室内高超过4米，整个装置有12米高。以和平为前提，为了在地球上利用核聚变能源需要各国共同付出长期和艰难的努力，欧洲联合环只是这其中的一部分。（照片由欧洲核聚变发展协议－欧洲联合环友情提供）

可能会将其击碎，并产生各种较轻的原子核，这些原子核被称为散裂产物，包括 ^{6}Li 和 ^{9}Be 的原子核，这些原子核对应的元素在其他过程中都不会出现。

制造重原子核的过程非常复杂，这个过程至今仍然存在不明之处，这也是情有可原的。我们对重原子核产生过程的大部分了解来自对遥远恒星的艰苦观测。尽管我们永远也不可能直接从恒星中提取样本物质来分析，但我们还是有机会接触到恒星的产物的。毕竟我们本身也是由这些物质组成的。

有时候落到地球上的陨石就是爆炸恒星的灰烬，它们就是更直接的样本。通过分析来自陨石和恒星光谱的数据，天文学家与核物理学家已经对恒星如何产生热量和新元素有了一定的了解。由此，天文学家与核物理学家已经发现了许多非凡而令人惊讶的核过程，而这些过程发生的原理都可以用能谷来解释。

宇宙核爆炸：劫余

目前，恒星中的高能核过程仍然影响着我们，是真的在影响：我们的身体正是由这些高能核过程的产物构成的，但最近的恒星活动产生的影响仍高悬在天幕之上。**蟹状星云**是 1054 年一颗Ⅱ型超新星爆发时喷射出的物质云，它正以可见的速度膨胀。这一事件发生在 6 300 光年之外，最早被中国的天文学家记录了下来。现在，我们仍能观测到蟹状星云在膨胀，目前它的大小约为 12 光年 ×7 光年。

蟹状星云

蟹状星云是金牛座中一颗超新星在公元 1054 年爆发后的残余物。它的核心是一颗脉冲星。我们现在知道，这颗脉冲星也就是中子星，正是那颗超新星爆发后的全部残骸，那颗超新星的外层现在充斥在大片的宇宙空间中。（图片由欧洲南方天文台友情提供）

第10章　宇宙的暴力起源

宇宙学和宇宙大爆炸中的核过程

我们的宇宙似乎正在膨胀。由于星系之间的空间正在扩大，我们看到各个方向的遥远星系都在离我们越来越远。一个星系距离我们越远，它离我们远去的速度就越快。这并非因为我们身处的星系在宇宙中心这种特殊的位置，身处另一个遥远的星系的居民也会观测到同样的景象。尽管星系和星系团看上去各不相同，我们相信从整体看宇宙是有一定统一性的，任何地方都差不多。

如果我们想象一下宇宙膨胀的逆向过程，我们就可以一直追溯到大约138亿年前的一个瞬间，当时宇宙中的所有物质都被挤压在一起，这个瞬间就是空间和时间诞生的时刻。在那一瞬间，以及紧接着发生的事就是众所周知的宇宙大爆炸。

宇宙大爆炸是独一无二的事件。如果我们试图用熟悉的概念来描述它，最后只能得到一个模糊的概念。例如，它经常被描述为是一种物质和能量的爆炸，这是完全错误的。因为“爆炸”这个词意味着物质被巨大的压力从一个预先存在的空间中的某个点挤出。而宇宙大爆炸的情况则不一样，它是空间携带着巨大的能量被扯开，就像从虚无中被吸出来一样。宇宙并没有扩展到某个空无一物的空间中，而是空间本身被强烈地拉伸了。

宇宙学家们对宇宙大爆炸的本质进行了大量的讨论，大部分人同意宇宙大爆炸并不是发生在某个时间点上，而是标志着时间的开始。从这个角度来看，宇宙大爆炸之前有什么看起来就是一个毫无意义的问题。

广义相对论是目前我们用来描述空间和时间性质的最佳理论，它对物质在引力作用下的运动做出的预测得到了实验的充分支持。我们的全球定位系统和卫星导航在很大程度上依赖于广义相对论。广义相对论的意义在于预测了宇宙的膨胀。当然，预测必须得有证据支持，而确实有3个独立的证据能证明大爆炸的存在。

宇宙大爆炸的证据

由于所有的星系都由相同的元素构成，从遥远的星系发出的光的波长应该与其邻近星系发出的光的波长有相同的特征。宇宙正在膨胀的第一个证据是：遥远星系发出的光在地球上被接收到时，它的波长比它刚被发射时的波长更长；可以说，任何一种原子的谱其波长都变长了。**来自遥远星系团的光**的波长也变长了。这些变长的波长说明这些星系正以极大的速度离我们远去。也就是说这些星系发出的光的波长随着它走过的空间不断膨胀而被“拉长”了。所有光的波长整体都变长就意味着所有光的谱线在向可见光谱的红端偏移，这就是宇宙学红移。这种空间的拉伸是从宇宙大爆炸就开始的持续膨胀。我们可以这样想象宇宙的膨胀：你在吹一个气球，在气球的表面有一个斑点，就像图**“宇宙膨胀”**中那样。气球上没有一个点会是在中心的，同样，宇宙中也没有一个星系会是在中心的。当我们以这个点为参照点，并观察其他点在气球被吹起时是如何相对于它移动时，就会发现气球上其他所有的点都在远离参照点。其他的点相对于参照点越远，就会远离得越快，这就像那些距离地球非常遥远的星系一样。和所有的类比一样，不要觉得实际情况和这一类比一模一样，这里的气球的表面只是二维空间，而且宇宙在任何地方都是一样的，并不存在这样一个特殊的地方让人像吹气球一样把宇宙“吹”起来。

来自遥远星系团的光

1ES 0657−558 星系团发出的光用了大约 60 亿年才到我们这里。这些光刚开始它们的旅程时，宇宙只有其目前大小的 60% 左右。换句话说，星系之间的距离只有现在的 60%。不仅宇宙空间被拉伸了，发射的光在宇宙空间中也被拉伸了，光的波长增加了大约 30%。这个星系团中的星系的颜色看起来比实际上发射光线时要红 30%。（图片由欧洲南方天文台友情提供）

大爆炸的第二个证据是地球接收到的来自空间各个方向上的微波辐射。乔治·伽莫夫早在实际观察到这种辐射之前就已经首先预言了它的存在，它是大爆炸的“余晖”。它的温度比

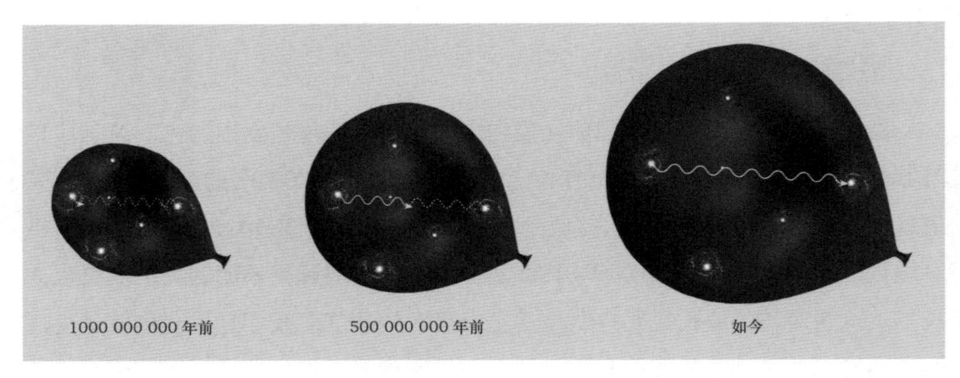

宇宙膨胀

三维空间的膨胀可以想象成一个被逐渐吹起的二维气球表面。随着气球的膨胀，其表面上的每个点都离其他点越来越远。光的波长也随着表面积的增加而增加。但气球并不是完美的球形，而且有一个吹气的地方。宇宙空间一点也不像气球，在宇宙中，每个地方都是同质的，大爆炸的痕迹无处不在。

威尔金森微波各向异性探测器拍摄到的天空中的微波图像

美国航天局在 2001 年发射了威尔金森微波各向异性探测器来研究微波视角下的宇宙历史。图中显示的是整个天空里一个个点的微波温度变化。微波的温度波动很小，这些带颜色的微波的波动范围只有几亿分之一开，温度基本统一是 2.725 开。微波的温度波动规律是大约 138 亿年前微小的密度波动留下的痕迹，这些物质最终变成了现在的各种星系，包括我们的银河系。（美国航天局）

绝对零度高 2.725 开（绝对零度是指冰点以下 273 摄氏度），由低能光子组成（见图“威尔金森微波各向异性探测器拍摄到的天空中的微波图像”）。这些光子在大爆炸后停留了大约 38 万年，当时宇宙已经冷却到绝对零度以上 3 000 摄氏度左右。在那个温度下宇宙变得透明。我们现在探测到的微波辐射就是来自那个时候 3 000 摄氏度的热辐射，但现在它的波长因为过度红移而落到了微波波段。红移的表现在于此微波辐射的波长在这一过程中增加了 1 000 倍。

第三个重要的证据来自核物理学。尽管目前在锂元素的比例预测方面存在一些问题，但氢、氘和氦的实际相对比例与大爆炸理论模型预测的比例高度吻合。然而，这些元素的原子核在宇宙大爆炸一开始就不存在。事实上，甚至是质子和中子本身在大爆炸开始时也不存在。

刚爆炸的时候

用今天的物理学可以理解的最早的一个有意义的时间是宇宙诞生后的 1×10^{-43} 秒，这个时间短暂得令人难以想象，当时宇宙的温度超过 1×10^{32} 开。那一刻它正在稳定地膨胀。在 1×10^{-35} 秒时，我们现在能看到的宇宙才刚刚增长到 1×10^{-27} 米，温度下降到约 1×10^{27} 开。我们认为宇宙的膨胀在这一时刻发生着了不得的加速过程。物理学家至今仍在争论这段时间里究竟发生了什么，不过他们在一点上达成了共识，即大家都相信空间本身带着其中的物质一起在迅速膨胀。在这次暴胀中，目前的可观测宇宙体积至少增加了 1×10^{25} 倍，从 1×10^{-27} 米膨胀到了 1 厘米（这个膨胀系数很可能高达 1×10^{50} 甚至 1×10^{100}）。这次暴胀在 1×10^{-32} 秒内就完成了。这些都是图 **“宇宙的演变”** 中的第二步之前的过程。

质子和中子的创造

暴胀时期过后，宇宙以一种更为平缓的速度膨胀。在其诞生后的百万分之一秒（0.000 001 秒），温度已经下降到 1×10^{12} 开以下，构成原子核的物质，即质子和中子开始形成。

我们可以把核子看作由胶子固定在一起的 3 个夸克，这样一个模型能解释核子的许多特性。夸克有 6 种不同的类型（味），被称为“上”“下”“奇

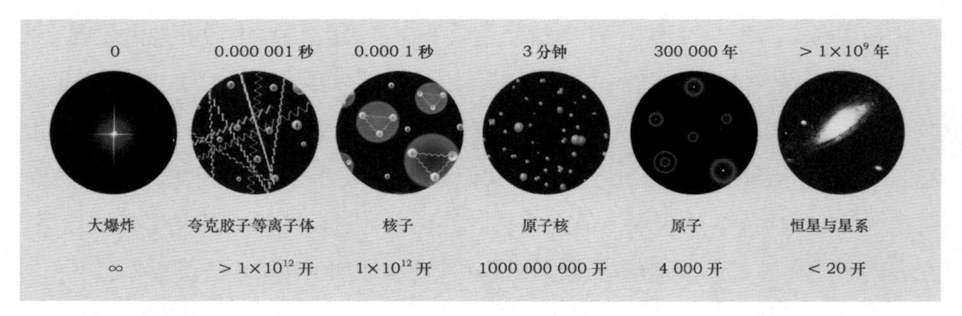

宇宙的演变

图中是宇宙演变过程中的一些重要节点。图片上方的时间是从大爆炸瞬间开始计算的时间，也就是指距离大爆炸开始瞬间过去了多久。图片下方的温度是指整个宇宙的平均温度。

异”“粲”“顶”和“底”。这些名字是异想天开的，粲夸克并不璀璨。不过在20世纪60年代，奇异夸克确实曾被假定是“奇怪粒子”的组成部分，奇怪粒子是在1947年被发现的一种粒子，它被称为奇怪粒子是因为它的属性在当时是无法解释的。

核子仅由上夸克、下夸克和胶子组成。质子由两个上夸克和一个下夸克组成，一个上夸克的电荷量为+2/3，一个下夸克的电荷量为−1/3，总电荷量为+1。+2/3的电荷量就是正电子所带电荷的2/3。中子有两个下夸克和一个上夸克，它们总体上呈电中性。负责施力的胶子是电中性的。

我们有充分的理由说，在实验室环境下不会存在自由夸克和自由胶子。我们用足够大的能量去轰击一个质子以分离出它其中的一个夸克，探测器并不会检测到这样的夸克。相反，这个能量会让一个由多个夸克组成的新粒子诞生。使用粒子加速器研究的原子核碰撞实验中的确会发生这样的情况。

但是早期宇宙的情况有所不同，当时宇宙中所有的物质都被极度压缩，并处于高温环境下。在宇宙诞生百万分之一秒后其温度大于10 000亿开，其密度比原子核的密度还要大。在这样的高温高压下，原子核与原子核之间不存在边界，夸克和胶子可以在夸克胶子等离子体中自由移动。

随着宇宙继续膨胀，温度和密度逐渐下降，夸克会开始3个3个地形成“小组”，由胶子固定在一起，核子就这样形成了。

夸克胶子等离子体

夸克胶子等离子体并不只存在于大爆炸开始后的百万分之一秒的短暂瞬间。2000 年，瑞士的欧洲核子研究中心的科学家发表了多年来的实验成果，这些证据表明当高能重原子核正面碰撞时，会产生极高的压力和温度，短暂地形成夸克胶子等离子体。高温高压正是核子之间的边界“溶解”，瞬间形成夸克胶子等离子体的必要条件。

2000 年后，这项研究工作在美国的相对论性重离子对撞机继续进行，该对撞机就是为此研究而建的。在金原子核之间的正面对撞中，金原子核携带的能量甚至超过了欧洲核子研究中心实验中的金原子。金原子核正面对撞时产生的高密度物质达到了 7 万亿开以上的高温。图**“金原子核的对撞”**中的一系列图片模拟了两个金原子核在极端相对论能量下的正面对撞。

相对论性重离子对撞机里的实验让我们对这种超高温、超高密度的物质有了更多的了解，一些令人惊讶的特性也出现了，最初预测的夸克胶子等离子的性质中并没有这些。耐人寻味的是，也许这种独特的物质状态在宇宙历史中只

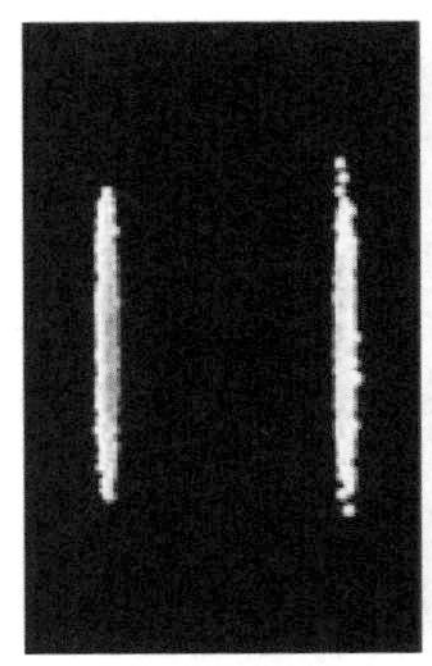
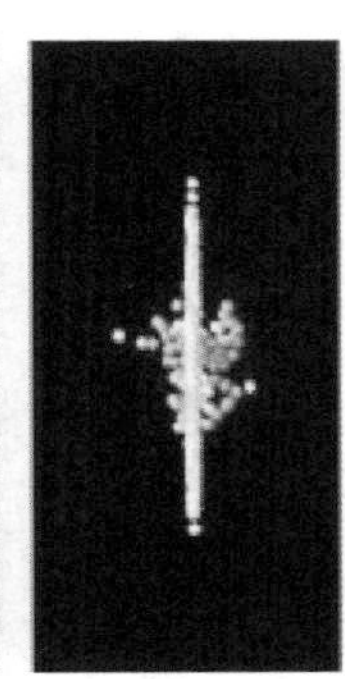
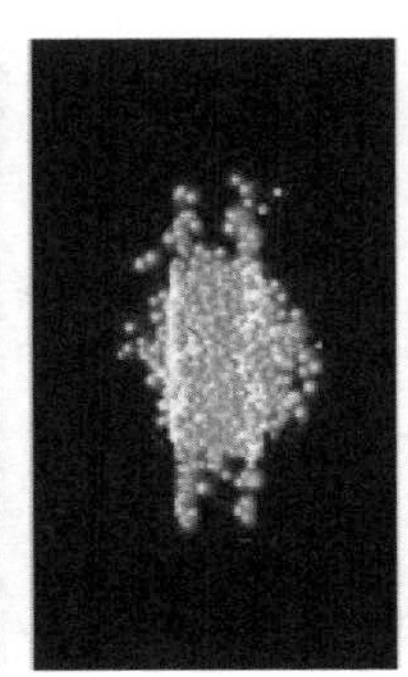
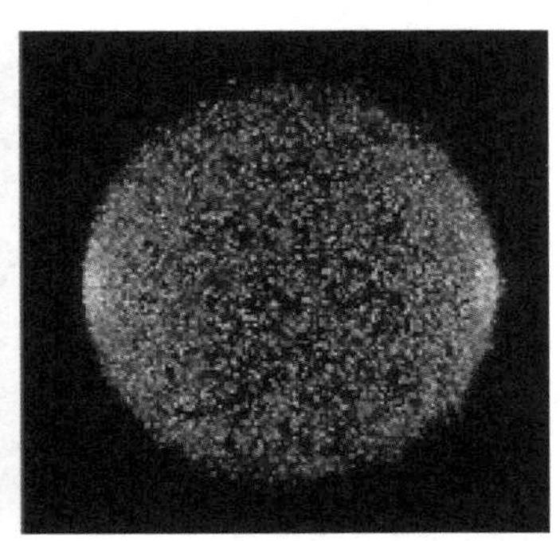

金原子核的对撞

（从左往右）1：两个金原子核以速度方向相对的状态互相接近，由于相对论中描述的运动方向上的长度收缩，它们显得很扁平。2：原子核相撞，并在实验室环境中形成了一个密度巨大的极高温区；在这张照片里，扁平的性质就不是相对论描述的运动方向上的长度收缩引起的了。3：一些核子直接穿过了开始膨胀的高温等离子体。4：夸克和胶子已经凝结成一个含有质子、中子和许多其他亚原子粒子的火球，并且它还在不断膨胀。（相对论性重离子对撞机）

出现过两次：第一次是在宇宙诞生的百万分之一秒内，第二次的短暂出现是在大约 138 亿年后的地球上。2010 年 11 月，欧洲核子研究中心的大型强子对撞机改变了实验方向，从质子与质子的正面对撞实验转换为铅原子核之间的正面对撞，这次的铅原子携带的能量比相对论性重离子对撞机能让它携带的能量高得多。我们很有希望获得关于核物质属性的惊喜和新见解，因为夸克胶子等离子体存在于有原子核，甚至是有质子和中子之前的短暂时刻。关于我们现在宇宙的一切都取决于大爆炸瞬间后百万分之一秒内发生的事情。在图**“大型强子对撞机里的夸克胶子等离子体”**中可以看到两个铅原子核在大型强子对撞机赋予的高能下迎面对撞时产生的“事件图”。

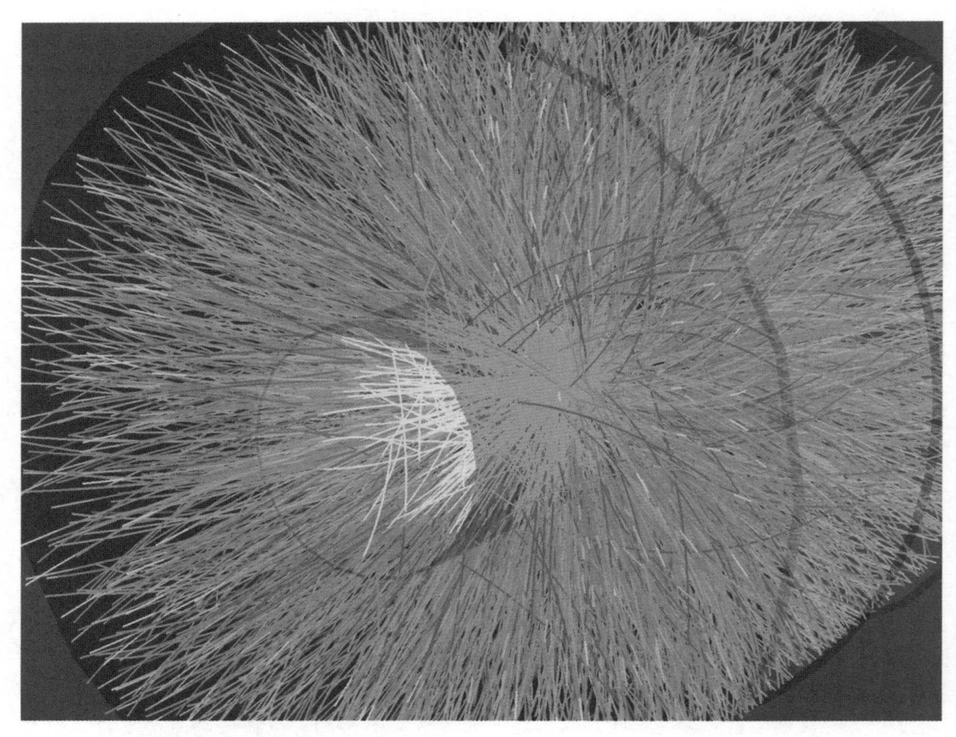

大型强子对撞机里的夸克胶子等离子体

来自大型强子对撞机的爱丽丝（ALICE）探测器的一张高分辨率“事件图”。它记录了两个铅原子核正面对撞时产生的粒子。（欧洲核子研究中心）

轻元素的制造

在宇宙大爆炸的瞬间之后不到 1 秒，质子和中子第一次从等离子体中出现后，它们因核力相互吸引，但还没有结合在一起形成氘核，因为当时的环境温度仍然太高。平均每一个原子核都受到几十亿个 γ 射线光子的照射，氘核一旦形成就会因为 γ 射线光子而瓦解。一直等到宇宙诞生 1 秒后，原子核才可能存在那么一瞬间。这时候，温度已降至 100 亿开，但是这个温度下的氘核也是十分脆弱的，它们几乎立刻就会被分解。

大约 1 分钟后，宇宙的温度才足够低，让氘核存在足够长的时间，并有机会与另一个质子或中子结合，形成一个有 3 个核子的原子核：要么是氢的同位素 ^{3}H（氚），要么是氦的同位素 ^{3}He。这两种轻元素的原子核都能保持不裂变，并能轻易地吸收一个核子而形成更稳定的 ^{4}He 的原子核。

能形成 ^{4}He 原子核的核反应发生在一个快速变化的环境中。随着宇宙的膨胀，物质密度迅速下降，原子核碰撞的频率降低。迅速下降的温度意味着带电核子的能量减少，它们穿过静电势垒进行融合的概率随之减小。中子是不带电的，要融合一个中子的好处是不需要额外的能量来穿过由核子之间的静电斥力生成的势垒，但坏处是中子会稳定地进行 β 衰变变成质子。

密度和温度的下降与自由中子的匮乏，意味着核聚变反应在几分钟后就停止了，不再有新的原子核被制造。宇宙大爆炸后的几分钟里，原始核素只形成了少量的同位素，其比例在几百万年里都没有改变。一直到恒星开始形成，其他那些完全不同的制造元素的过程才开始。

理论可以预测出原始核素同位素的比例，绝大部分（按质量计约为 76%）由氢元素（只含有一个质子的原子核）组成，其余的（按质量计约为 24%，或按原子数量计约为 9%）为氦元素（含有两个质子和两个中子的原子核）。除此以外还有一些微小但也重要的其他同位素留下了痕迹：氘的含量大约只有十万分之几，氦同位素 ^{3}He 比氘略微少一些，锂同位素 ^{7}Li 仅有十亿分之一。自然界中不存在含有 5 个核子的稳定元素，唯一含有 6 个核子的稳定元素（^{6}Li）一直等到很晚才形成。预测这些元素比例的大爆炸核起源理论还有另一个重要意义：它预测了宇宙中重子物质的总密度。重子物质是由质子、中子和电子组成的普通物质，大多以恒星的形式显现。

大爆炸核起源理论做预测是基于反应过程发生时物质和光子的密度。大多数的预测可以在现代天文观测中得到验证。例如，我们在位于银河系边缘非常古老的恒星表面检测到了 ^{7}Li，这些恒星没有被其他恒星爆炸的灰烬污染，来自非常遥远的星系发出的光会穿过尚未凝结成恒星的原始气体云，测量这些光的光谱，上面的吸收线可以反映氘元素在早期宇宙中原始核素里的含量。^{1}H、^{2}H 和 ^{4}He 含量的比例与理论非常吻合，但 ^{7}Li 的含量比例与理论之间还存在一些未能解释的差异。恒星中有许多来自后续反应的不确定因素，这些差异会受到这些不确定因素的影响。

没有任何宇宙大爆炸的核过程可以形成比 ^{7}Li 的原子核更重的原子核。然而这一切都是我们所处的这个丰富而复杂的世界，或是生命进化的必要条件。我们周围的世界正是通过第 9 章所述的那些恒星内部数十亿年的核反应才得以存在。由于这些核反应，今天宇宙中的氢元素含量（按质量计约为 70%）比早期宇宙中的氢元素含量要低一些，而 ^{4}He 的比例由于恒星中的核聚变而增加到约 28%。此外，还出现了至关重要的约 2% 的重元素，正是这些重元素让这本书、其作者与其读者的存在成为可能。

大爆炸、原子核密度和现代宇宙学

许多问题至今仍然没有答案：宇宙是否会永远膨胀，或者膨胀是否会在某一天停止？膨胀停止后宇宙是否会开始收缩，最后形成一个大黑洞？最后一种情况现在看来是非常不可能的，因为 1998 年我们发现宇宙的膨胀其实正在加速。宇宙学家对这些问题进行了激烈的辩论，其中一个关键因素是宇宙中到底存在多少物质。天文学家发现这是一个非常难以回答的问题，但是原始核素同位素的丰度提供了一个线索。目前宇宙中的核素密度取决于原始核素形成时的物质密度与辐射密度，上述提到的大爆炸核起源理论模型以核物理学为基础。

在最初的几分钟内发生的核过程，特别是产生氘的过程，其发生的关键取决于核子的密集程度。现存的氘元素是原始核素的一部分，它们是在大爆炸发生后的最初几分钟内产生的。我们知道这一点是因为任何恒星内部反应产生的新氘都会立即被进一步的核反应所破坏。因此，如果能测量出现存的氘核数量我们就可以了解到原始核素产生时的环境，这反过来又可为现今的总物质到底有多少这个问题提供线索。

然而氘核的实际数量并不和预期完全吻合，但非常接近预测数量。如今基于核物理学的大爆炸核起源理论模型已经十分完善了，它得出的预测值为科学家所接受。那么这些模型对宇宙中的重子物质含量比例给出了怎样的预测呢？它预测说宇宙中大约只有 5% 的质能是重子物质，这与观测结果是一致的。这里我们说到质能这个概念是因为根据相对论，质量和能量是等价的。

随着观测取得进展，在未来几年里宇宙中不同成分的精确含量可能会略有修正。目前看来，宇宙中大约有 5% 是“普通”物质，大约 23% 是冰冷的“暗物质”，大约 72% 是各种所谓的“暗能量”或“第五元素”。目前有许多实验在寻找冰冷的暗物质，它与普通物质的相互作用非常微弱。说它“冷”是因为我们认为这种粒子是大量存在的，并且其运动速度远低于光速。其存在的证据来自天文观测，如星系内恒星的运动。目前关于暗能量的性质更多的是一种理论猜测。这里引用的各种百分比最主要来自对宇宙微波背景的精确观测，宇宙微波背景会随着观测方向变化而变化，这些变化小得惊人：大约只有十万分之一。

普通物质并不完全是重子物质，尽管这约 5% 的物质中大部分是氢元素和氦元素，但还有约 0.3% 的中微子，所有较重的其他元素仅占约 0.03%。

这是一个令人兴奋的时代，因为核物理学家、天文学家和宇宙学家将一起在未来几年完善我们的宇宙模型，这可能会带来一些意义深远的意外之喜。我们确信我们可以对宇宙的历史和它的未来产生更坚实的理解。

在第 1 章的开头有一张图，图中显示我们从最小尺度上了解到的自然与从最大尺度上了解到的自然在某种程度上是“相连”的，核物理与粒子物理学和宇宙学相辅相成。在这最后一章里，希望我们的介绍对大家有所启发，让大家了解微观是如何与宏观相连接的。

术语释义

（量子）隧穿：量子力学允许粒子出现在势垒的另一边，而根据量子力学之前的牛顿力学，粒子是没有足够的能量来穿越势垒的。量子隧穿控制着诸如α衰变的过程，也使恒星中的轻原子核可能发生聚变，太阳这样的恒星才得以闪耀数十亿年之久。

（原子核）能谷：并不是所有原子核的核子平均能量都相同。如果把所有的原子核按照中子数和质子数排在一张图中，就像塞格雷图那样，然后从每个原子核的位置上引出一条线，线的高度代表每个原子核的能量，那么这些线的顶端将形成一个表面，呈现出一个山谷的样子。稳定的原子核就是那些靠近谷底的原子核。离谷底较远且位置很高的原子核会经历放射性衰变失去能量并从能谷两侧滑落。

X 射线：一种电磁辐射形式，其波长比紫外线的短，比 γ 射线的长。由于辐射的波长与其携带的能量有关，X 射线光子的能量比 γ 射线光子的能量少。然而，这两种射线的波长之间并没有明确的分界线。X射线的波长范围从大约10纳米到10皮米（见表“聊聊尺寸”）。

α 粒子：氦原子的原子核，含有两个质子和两个中子。它是一个高度稳定的原子核，许多较重的原子核在α衰变的过程会发射整个氦原子核。在人们了解到α粒子是由质子和中子组成的之前，就已经知道α粒子了。它们也是双电离氦原子，即失去两个电子的氦原子。

β 射线：原子核在β衰变过程中发出的电子或正电子。

β 衰变：在弱核力的作用下，质子和中子相互转化的过程。当一个中子发生β衰变时，一个电子和一个反中微子被释放出来。一个自由中子可以进行β衰变，因为它的质量大于质子和电子的质量之和。一个质子只能在一个能量过剩的原子核内发生β衰变，变成一个正电子和一个中微子，这一过程只发生在质子过剩的原子核内。

γ 射线：当原子核处于不稳定的激发态时，从原子核内释放出的高能量光子（光的粒子）。γ 射线也可以被原子核吸收，然后原子核会处于激发态。

Δ 粒子：核子的一种组合，可以把这种粒子看作处于激发态的质量稍大的原子核。

π 介子：最轻的介子，其质量约为一个核子质量的 1/7。

半衰期：取一个只含有一种放射性原子核的样本，这个样本衰变自身一半的原子核所需的时间。

扁椭球形变形：是球形的一种变形，这种形状表现为把两边挤压在一起。地球呈少许扁椭球形变形，它的两极被稍稍挤压而靠近；和一个完美的球形地球的赤道相比，现实的赤道略长。

波粒二象性：一种量子概念，据此，我们必须考虑物质和辐射在其最基本的层面上有时具有波的特性，有时具有粒子的特性。例如，电子和光子有时表现得像粒子，有时表现得像波。

博罗梅安核：某种不稳定核，其原子核表现为由 3 个不同部分组成。成团的核子构成核心，另有两个核子（通常是中子）在核心外“漂浮”。这 3 个组成部分（核心加两个核子）通过强核力脆弱地结合在一起，它们中的任何一部分被移除，剩下两个部分之间的核力就弱到无法将它们继续结合在一起，它们也会散开。这种表现在大自然中是独一无二的。博罗梅安这个名字来自数学领域的扭结理论，博罗梅安结是 3 个交错在一起的环，每个环都负责把另外两个环固定在一起，拆除任何一个环，整个结就会散开。博罗梅安核有 ^{6}He、^{11}Li 和 ^{14}Be，它们也都是晕核。

波长：一个波的两个连续波峰（或波谷）之间的距离。一个波的波长与其频率成反比。电磁辐射的波长等于光速除以其频率。

不确定性原理：量子理论的基本原理之一，首先由德国物理学家维尔纳·海森伯提出。这个原理说明了对任何物体而言，如位置和动量这样成对出现的属性不可能被同时精确测量出。而且这一特征并不是因为我们的测量仪器在遇到亚原子物体时有不可避免的缺陷，而是物体本身所固有的特点。

超新星，Ⅰa 型和Ⅱ型：超新星是一颗恒星的灾难性爆炸，它在短时间内发出的辐射相当于一整个星系所有恒星发出的辐射。当它的伴星甩出够多的物质到白矮星上，让白矮星的质量超过了可能的最大质量时，这颗白矮星会发生Ⅰa 型超新星爆发。当一颗巨型恒星的核燃料耗尽时会发生Ⅱ型超新星爆发。核反应产生的辐射压不能继续支撑整颗恒星，于是它开始向内塌陷，又由于核物质的不可压缩性而反弹出去，释放大量的能量、大量的中微子和许多物质进入太空。地球上和太阳系里的许多元素是在数十亿年前的超新星爆发中产生的。

超重核：原子序数 Z 在 110 及以上的原子核。

滴线：塞格雷图上的极限，不存在超过这个极限的原子核。之所以叫作滴线，是因为如果再向处于这个极限位置的原子核中加入核子，核子就会直接“滴”出来。

电磁辐射：由自我维持的电场和磁场组成的任何辐射。所有的电磁辐射在真空中都以相同的速度传播：光速。光、无线电波、紫外线、γ 射线和红外线在本质上是相同的，只是它们的频率和波长有所不同。它们对物质的影响不同是由于它们的频率不同，也就是由于光子能量不同。

电离： 从原子或分子中分离出电子的过程，使它们不再呈电中性。α 射线、β 射线和 γ 射线穿过其他物质时能电离物质的原子。

电子： 第一种被发现的基本粒子。它属于轻子。电子是非常轻的带负电粒子，是原子中原子核外围的部分。电子的质量约为 9×10^{-31} 千克，氢原子是最轻的原子，电子的质量大约是氢原子的千分之一。它的体积大小几乎为零，因此被看作“点粒子”。电子是金属中电的载体。

电子俘获： 电子被原子核吸收的过程，在这个过程中，电子与质子结合产生一个中子和一个中微子。

反粒子： 一种亚原子粒子，它就像原粒子的镜像，其许多关键属性和原粒子是颠倒的。例如，反质子的质量与质子相同，但带负电。当粒子遇到相应的反粒子时，它们相互湮灭并释放出一股能量。同样，纯能量可以产生粒子和反粒子对。电子的反粒子被称为正电子，它携带的正电荷量与电子携带的负电荷量相等。

反物质： 完全由反粒子组成的物质。

干涉： 波的一种特性，即两个波叠加时产生的相长模式（两个波峰相遇则叠加）和相消模式（一个波峰遇到一个波谷则抵消），由此产生的“明暗模式”让我们能了解到波和让波产生干涉的系统。

光电倍增管： 一种非常敏感的光子检测器，能测量非常微弱的脉冲光携带的能量。它是测量 γ 射线的闪烁探测器的一部分。脉冲光是以闪烁的形式产生的。

光谱： 一种表示法，显示来自特定来源的电磁辐射强度（或亮度）与波长的关系；也指当光或其他辐射根据频率（或波长）被分开时我们看到的色带，我们最熟悉的一个例子是可见光的彩虹光谱。

光谱仪： 一种将辐射根据不同的波长（或频率）分开的仪器。由于每种原子核或每个不同的原子都会辐射出不同系列的波长，我们能通过光谱仪确定一个样本中有哪些原子或原子核。此外，特别的波长系列也给出了关于辐射出它们的原子或原子核的重要信息。

光子： 光的粒子。爱因斯坦在 1905 年提出光是以包或光量子的形式出现的，这一说法可以解释光电效应，即光可以从金属表面分离出电子的现象。这与马克斯·普朗克的发现标志着旧量子论的出现。在该理论中光被认为是由离散的包组成的。后来人们发现这些光包有着与粒子相同的特性，比如一个光包和粒子一样会在探测器上留下一个点，因此它们被称为光子。

硅探测器：带电粒子在通过探测器或被探测器吸收时会产生电信号，现代用于探测带电粒子的探测器就是基于此制造的。这种探测器可以准确测量核反应中产生的粒子携带的能量和运动方向。

核素：由一定数量的质子和中子组成的原子核。大约有 7 000 种不同的核素，其中只有几百种是稳定的。

核物质：广义上讲核物质就是组成原子核的东西。正是因为核物质是不可压缩的，所以说除了最轻的原子核外，所有原子核中心的密度都是一样的。也是出于同样的原因，中子星的密度与原子核中心的密度基本相同。

核子：质子和中子的统称。

幻数：含有特殊数量质子或中子的原子核，与相邻的原子核相比具有更高的稳定性。中子幻数是 2、8、20、28、50、82 和 126。质子幻数也是这些，但目前没有已知的原子核含有 126 个质子。

回旋加速器：用于给带电粒子加速。在回旋加速器中，粒子由磁场固定在一个真空室中的螺旋形轨道上，由电场对其施加一系列推力。

基态：原子核（或原子）的最低能级。

激发态：一种原子核的能级，高于其基态的任何能级都是激发态。

胶子：一种无质量的粒子，不会单独出现在强子之外；胶子在强子内的夸克之间产生引力，将它们固定在一起。

介子：一种亚原子粒子，是原子核中核子之间强核力的载体。介子有多种类型，它们可以是电中性、带正电或带负电的。现在我们知道介子与核子一样是由夸克组成的。但核子由 3 个夸克组成，介子由一个夸克和一个反夸克组成。

聚变：一种核过程，两个轻原子核克服相互之间的静电斥力（库仑力）而融合在一起的过程。这个过程会释放大量的能量，是太阳和其他恒星的能量来源。人们希望核聚变有朝一日能在地球上被利用，成为一种新能源。

夸克：组成质子、中子、介子和其他强子的粒子。它们不能孤立地存在于强子之外。质子由两个上夸克和一个下夸克组成，相对于一个电子的电荷量而言，上夸克携带 2/3 的正电荷，下夸克携带 1/3 的负电荷。中子由两个下夸克和一个上夸克组成，因此呈电中性。

夸克胶子等离子体：当核物质在巨大的高温高压下时核子之间的边界会消失，就像高能的重原子核之间发生碰撞时一样。其中的夸克和胶子形成一种新的物质相。在宇宙大爆炸的瞬间到质子和中子出现之前，宇宙经历了非常短暂的夸克胶子等离子体时期。

离子：一个非电中性的原子或分子，通常丢失了一个或多个电子，但这个术语也适用于一个得到额外电子的原子（负离子）。

链式反应：当一个铀原子核吸收一个中子而发生裂变时，它本身也会释放一些中子，然后这些中子继续促使其他铀原子核进行裂变；如此反复，大量的铀原子核持续裂变。这就是中子链式反应。

量子力学：支配亚原子世界行为的物理理论。它始于20世纪初马克斯・普朗克和爱因斯坦的想法，到20世纪中期由尼尔斯・玻尔、埃尔温・薛定谔和维尔纳・海森伯发展成一个完整的物理学理论。其他物理学家如保罗・狄拉克、马克斯・玻恩和沃尔夫冈・泡利也对此做出了重大贡献。虽然量子力学十分成功，是现代物理学、化学、电学和材料学的重要基础，但它预测的粒子行为仍被认为是奇怪和反直觉的，尤其是在你第一次接触它的时候。

裂变：一种核过程，一个重原子核分裂成两个大致相等的小原子核，并释放出内部的能量。通常情况下，裂变是在原子核吸收中子后由额外的中子诱发的，但也有自发裂变的情况。受控的连锁反应产生核能的过程正是裂变。

能级：一个原子核可以具有的能量值，这种能量值是离散（量化）的。每种原子核都有其独特的能级。原子和分子也有独特的能级。

频率：一个振荡系统在1秒内的振动次数，对于波来说是在1秒内经过一个固定点的波峰数量；它的单位是赫（全称为赫兹，符号Hz，指每秒的周期数量）。

气泡室：一种装置，用于追踪带电（高度电离）粒子穿透过饱和溶液时的路径。有时非常纯净的液体，如液氢，可以被加热到其沸点以上。而带电粒子通过过饱和溶液时会电离溶液，并在电离的位置留下一系列气泡。

强子：相互之间的作用力为强核力的粒子。强子由夸克组成。质子和中子是强子，介子也是。

轻子：自然界中的两类基本粒子之一。轻子包括电子、μ 子和 τ 子，以及它们对应的中微子。

赛格雷图：一种原子核的排列图，通常来说纵轴是质子数，横轴是中子数。一般来说，该图上的方块对应的中子数和质子数能说明这个特定原子核的关键属性，比如其放射性。

散裂：当一个高能质子或其他粒子击中一个原子核时，原子核很可能会散裂，产生一系列较轻的原子核。我们认为像^{6}Li这样元素，其原子核应该是在星际空间的散裂反应中产生的。

闪烁：当核粒子或 γ 射线撞击到特定物质时产生的闪光。

闪烁计数器：一种粒子探测器，闪烁产生的光在其中由光电倍增管测量。

同步加速器：由回旋加速器发展而来，它能让其中的粒子携带高得多的能量；粒子的加速路径是圆形，而非螺旋形。同步加速器可以将其中的带电粒子加速到非常接近光速的水平。

同分异构体：激发态寿命很长的原子核（称为同分异构体状态或亚稳态）。某些原子核可以保持在这种激发态是因为它们具有某些量子特性，阻止了它们通过发射 γ 射线放出能量，降到较低的能级。

同量异位素：所含质子和中子的总数相同，即原子质量数相同但质子和中子的数量不同的核素。

同位素：一种元素（含有的质子数相同）的所有核素，它们含有的中子数不同，统称为该元素的同位素。^{12}C 和 ^{14}C 就是碳不同的同位素。

同位素移位：原子的光谱几乎完全取决于核外电子，不过我们也能测量到原子核的大小对光谱的微小影响。这意味着我们仔细测量原子的光谱就可以得到原子核的大小。这一技术对于测量那些短寿命的原子核的大小十分有用，因为短寿命原子核无法用电子散射实验测量。

同中子异位素：含有的中子数相同但质子数不同的核素。

托卡马克：一种装置，用于在地球上实现核聚变。它由一个环形的真空室和大型磁铁组成，磁铁用于使保持相互作用的离子在真空中的封闭路径上运动。

狭义相对论：爱因斯坦的狭义相对论有两个基本观点。其一是真空中的光速（c）永远不变，无论你相对于光源的运动速度有多大；其二是无论你的参考系以多大的恒定速度运动，物理定律都不变。由此可得，质量 m 和能量 E 是等价的，$E=mc^2$。

衍射：波的一种特性，即波在遇到障碍物时会扩散的现象。其扩散的程度取决于波的频率和障碍物的大小。

原子序数：符号 Z，指原子核含有的质子数，它也恰好是一个中性原子中电子的数量，因为电荷要平衡，核外的电子数必须等于核内的质子数。

原子质量单位（amu）：原子核质量的常规单位。1amu 是一个电中性碳原子 ^{12}C 质量的 1/12。以 amu 为单位的原子核质量大约等于这个原子核的质量数。

晕核：20 世纪 80 年代中期发现的一种奇异原子核，这种原子核比对应元素的稳定同位素多出许多中子。有时最外层的一个或两个中子与其他核子的结合非常脆弱，因此它们大部分时间都远远不在最初将它们与原子核的其他部分结合在一起的强核力的作用范围内。这样的原子核是高度不稳定的，只是由于量子力学奇怪的理论而有机会存在。单中子晕核有 ^{11}Be 核和 ^{19}C 核，双中子晕核通常是博罗梅安核。质子晕核也存在（如 ^{8}B 核），但质子带正电，会与原子核的其他部分之间产生斥力，这意味着质子晕不能偏离中心很远，否则就会掉出原子核，因此质子晕往往比中子晕要小。

云室：一种装置，用于追踪带电（高度电离）粒子通过饱和水蒸气时的路径。空气对水蒸气的容纳能力是有限的，但有时我们可以打破这个限制。带电粒子通过饱和水蒸气时会电离水蒸气，并在电离的位置留下一系列小液滴。

长椭球形变形：球形往橄榄球的形状变形。这可以用一个气球来模拟，拉开气球表面两侧的两个点即可。

正电子：电子的反粒子。它的质量与电子相同，但携带的电荷相反（携带正电荷）。原子核的 β 衰变会放出电子或正电子和（几乎）无法检测的中微子。

直线加速器：用于给带电粒子加速的装置。在这个加速器中，粒子在一个长直真空室中由振荡电场给予一系列的推力。

质量数：符号为 A，原子核中质子和中子的总数。$A = N + Z$，其中 N 代表原子核含有的中子数，Z 代表原子核含有的质子数。

质子：构成原子核的一种粒子，也是最轻的原子核氢原子核中唯一的粒子。它携带的正电荷量与电子携带的负电荷量相同，质量大约是电子的 1 800 倍。每个中性原子的原子核内所含的质子数与核外电子数一样多。

中微子：在 β 衰变过程中发射出的一种粒子，基本算无质量粒子。这个名字的意思是“小中性粒子”，之前我们还认为它根本没有质量（就像光子一样）。现在我们知道一共有 3 种类型的中微子，它们都有相应的反粒子，但它是其中最轻的一种由原子核发射出来的粒子。

中子：构成原子核的一种粒子，另一种是质子。中子的质量比质子略大，呈电中性。中子不能单独在原子核外长时间存在，自由中子大约会在 10 分钟后发生 β 衰变，变成质子和反中微子。

中子星：一颗巨大的恒星在超新星爆发中死亡后留下的高密度残骸。它的密度与原子核基本相同。我们进行了许多实验，以了解核物质在高压下的特性，只有这样我们才能更好地了解中子星。

重子：由 3 个夸克组成的强子。最轻的重子是质子和中子。较重的重子，如 Δ 粒子，是不稳定的。重子和介子（由一个夸克和一个反夸克组成）是两种类型的强子。

自发裂变：一种裂变过程，中子过剩的重原子核自发分成差不多的两部分，成为两个较轻的原子核。这种过程是一种放射性衰变，会自主发生，原子核不需要像在核反应堆中那样吸收多余的中子来促使其发生裂变。